Ionic3 与 CodePush 初探

——支持跨平台与热更新的 App 开发技术

陈杰浩　张 成　吴 曦　史继筠 ◎ 编著

IONIC3 & CODEPUSH

—— APP DEVELOPMENT TECHNOLOGY SUPPORTING CROSS PLATFORM & HOT UPDATE

北京理工大学出版社
BEIJING INSTITUTE OF TECHNOLOGY PRESS

图书在版编目（CIP）数据

Ionic3 与 CodePush 初探：支持跨平台与热更新的 App 开发技术 / 陈杰浩等编著．—北京：北京理工大学出版社，2018．4（2019．6 重印）

ISBN 978－7－5682－5542－4

Ⅰ．①I…　Ⅱ．①陈…　Ⅲ．①移动终端－应用程序－程序设计　Ⅳ．①TN929．53

中国版本图书馆 CIP 数据核字（2018）第 069254 号

出版发行／北京理工大学出版社有限责任公司
社　　址／北京市海淀区中关村南大街 5 号
邮　　编／100081
电　　话／（010）68914775（总编室）
　　　　（010）82562903（教材售后服务热线）
　　　　（010）68948351（其他图书服务热线）
网　　址／http：//www．bitpress．com．cn
经　　销／全国各地新华书店
印　　刷／北京虎彩文化传播有限公司
开　　本／710 毫米×1000 毫米　1/16
印　　张／20．5
字　　数／332 千字
版　　次／2018 年 4 月第 1 版　2019 年 6 月第 3 次印刷
定　　价／68．00 元

责任编辑／钟　博
文案编辑／郭贵娟
责任校对／周瑞红
责任印制／王美丽

前　言

App 的发展趋势

随着信息技术的快速发展，我们迎来了互联网时代，Web 应用逐渐取代了传统桌面应用的地位，构筑起整个互联网的主要骨架和内容，涉及国家、政府、企业以及社会的方方面面，可以说，我们的生活已经离不开 Web 应用。

移动设备的快速普及开启了全新的移动互联网时代，App 开发技术方兴未艾，Android8.0 与 iOS11 刚刚推送不久，全新的 Kotlin 与 Swift4 正式成为 Android 与 iOS 官方支持的开发语言，新一波技术浪潮滚滚而来。

技术的快速发展促成了 App 的诞生，然而编者认为，这只是前端表现形式上的变化，其未来的发展方向还是会回归到 Web 技术。如今市面上的很多原生 App 也在部分页面使用了 Web 技术，例如淘宝 App 中就引入了 Weex，以便更好地应对复杂多变的页面；也有很多 App 本身完全通过 Web 技术实现，例如微信小程序就是一种大胆的尝试，其屏蔽了 Android 与 iOS 底层的技术细节。

由此不难看出，App 开发依然可以通过 Web 技术实现，通过 Web 技术实现的 App 有时甚至可以具备原生 App 所不具备的优势，编者认为这也是未来 App 的发展趋势。为了帮助更多有志于 Web 开发的人，编者决定编写此书，力图让读者利用已掌握的 Web 技术完成 App 的开发工作，为信息化事业的发展贡献力量，这也是编者及其所在团队的初心。

机遇与挑战并存

不论是全新的 Kotlin 与 Swift4，还是传统的 Java 与 Object – C，其开发出的 App 都属于原生 App，这类 App 一直面临着两大难题：一是无法做到跨平台；二是难以做到热更新。

原生 App 无法做到跨平台。在应用的开发阶段，开发者需要为 Android、iOS、Windows 等平台进行多次编码，且不同平台要求开发者具备不同的开发技术，这使开发成本居高不下。在应用的维护阶段，修改任何界面或功能，都需要同时修改不同平台的不同代码，这也使维护成本很高。

原生 App 难以做到热更新。每次更新 App 时，都需要编译生成新的二进制安装文件，并且需要提交到应用商店等待审核。这显然拖慢了原生 App 的更新速度，更使对严重缺陷的紧急修复变得十分被动。

针对以上两个问题，Ionic3 可以解决跨平台问题，CodePush 可以解决热更新问题。Ionic3 是一个基于 HTML5 与 Cordova 的开发框架，并且具备仿原生的精美控件，CodePush 是一项代码推送技术，可以将代码以热更新包的形式直接推送到用户终端。Ionic3 于 2017 年 4 月 5 日正式发布，CodePush 至今依然处于发布预览状态，因此这两项技术都是比较新的技术，为 App 开发带来了新的机遇与挑战。

说其是机遇，是因为 Ionic3 与 CodePush 可以显著降低 App 的开发成本，甚至可以取代中小型的原生 App，并且背后都有大公司提供技术支持，有比较乐观的发展前景。说其是挑战，是因为新的技术势必会带来一定的学习成本，尤其是 Ionic3 的学习曲线略显陡峭，甚至会颠覆一些传统的开发思维。

iOS 热更新的可行性

苹果公司近期宣布封杀热更新技术，并且下架了一批不符合要求的 App，这使业界普遍认为热更新技术已经走到了尽头，但是这种想法是十分错误的，原因如下：

（1）苹果公司确实限制了一部分热更新技术，主要涉及一些可以影响原生代码执行的技术，本书所使用的 CodePush 技术完全基于 HTML5，因此不可混为一谈。

(2) CodePush 官网上很早以前就对这个问题进行过说明，详见 http://microsoft.github.io/code-push/faq/index.html。

(3) 苹果开发者计划许可协议（Apple Developer Program License Agreement）3.3.2 中明确说明了允许基于 HTML5 的热更新技术，即便是原生 App，也可以通过 WebView 控件（App 中调用浏览器内核渲染 Web 内容的控件）实现，这是再正常不过的现象。

(4) 编者在 App Store 上架的 App 并没有收到过任何警告，也没有被苹果公司下架，并且在此次风波中还多次提交过更新，均顺利通过审核。

本书的适用范围

本书需要读者有一定的编程基础和开发经验。由于 Ionic3 是一个 HTML5 开发框架，因此需要读者具备基本的 Web 开发知识，包括 HTML、CSS、JavaScript 的相关知识。Ionic3 使用到了 TypeScript 这门崭新的语言，这是一门具备面向对象特性的语言，因此还需要读者具备基本的面向对象的开发思想。

本书参考了各类技术的官方文档，筛选出了核心知识点，在保留官方经典示例的基础上，用更加通俗易懂的语言重新讲解了一遍。Ionic3 与 CodePush 的官方文档均为英文，本书并没有直接翻译相关文档，而是在确保知识点正确的前提下，用中文重新梳理了一遍。官方文档的特点是全面而繁杂，本书的特点是浅显而精简，因此本书更适合渴望快速入门的初学者。

本书只针对 Ionic3 与 CodePush 的基础知识进行了讲解，省略了很多不常用或难度较大的进阶内容，如果读者想更加深入地学习相关知识，书中也提供了进一步学习的相关建议。

本书的章节结构

本书共有 14 章，可以分为三大部分。

第一部分包含第 1 章～第 3 章的内容，主要介绍了相关技术以及环境的搭建，让读者在还没有掌握充足的知识前也能运行一个示例项目，力求给读者一个感性的认识。

第二部分包含第 4 章～第 12 章的内容，按顺序详细讲解了各项技术，借鉴了官方文档的内容并且作了大幅精简，力求让读者在最短的时间内掌握核心实用的内容。

第三部分包含第 13 章～第 14 章的内容，综合运用前面章节的知识设计并实现了一款示例 App，并且包含上架应用商店的流程，力求让读者有一个可供模仿借鉴的例子。

本书包含 Ionic3 与 CodePush 两方面的内容，虽然从逻辑上来说，跨平台与热更新是两个对等的概念，但从技术角度来看，Ionic3 的相关内容至少占据 80% 的篇幅，CodePush 的相关内容最多只能占据 20% 的篇幅。

读者有必要知悉，Ionic3 可以理解为一种开发框架，读者在掌握基础知识后依然有十分巨大的发挥空间，需要依靠长期的项目经验才能摸索出最佳的实践方法。CodePush 的本质是一个第三方库，读者在熟悉了基本概念和常用 API 之后，就可以在任何一款 App 中反复使用了。

致谢

首先感谢许昌达，是他探索并发现了 Ionic 跨平台开发框架，并且在早期提供了很多必要的技术支持，也最终促成了本书的诞生。

其次感谢参与本书校稿工作的人员：郑泉斌、张秋鸿、过其靖、王晓华、李弋豪、赵子芊，正是他们的辛勤付出，使本书能以更高的质量与读者见面。

其中还要特别感谢郑泉斌，作为一个零基础的人，他完整阅读了本书的草稿版本，以初学者的视角对本书提出了很多宝贵的修改建议。

编者寄语

到目前为止，国内有关 Ionic3 与 CodePush 的资料依然非常稀少，官方英文文档的门槛导致这两项技术在国内依然属于小众技术。市面上已经出版发行的相关书籍屈指可数，有些仍在介绍第一代 Ionic 的内容，这与当今最新的 Ionic3 相比已经明显过时。

编者拥有将 Ionic3 与 CodePush 用于实际项目的经验，并且获得了比较理想的效果，因此希望将自己的探索经验分享给大家，以起到抛砖引玉的作用，为 App 的开发和维护提供一种新的思路和方向。

由于编者水平有限，错漏之处在所难免，敬请广大读者批评指正。Ionic 与 CodePush 发展较快，因此实际情况可能会与书中的内容有所出入，如果读者在阅读本书的过程中遇到任何问题，欢迎与我们取得联系（908544864@qq.com），我们保证知无不言，言无不尽，希望大家一起探讨，共同进步！

编　者

于北京理工大学

目　录

第1章 相关技术介绍

1.1 探究开发模式

1.1.1 Native App

Native 即原生，是传统的开发模式，针对各个移动平台需要采用特定的编程语言，比如 Android 平台需要使用 Java，iOS 平台需要使用 Swift，Windows 平台需要使用 C#。Native App 可以调用相应平台的全部原生 API，原生 API 是各移动平台官方提供的 API，比如调用摄像头拍照、调用麦克风录音、调用振动器振动、调用陀螺仪获取 3D 动作等。因此，Native App 可以实现最丰富的功能，同时也具有最佳的性能。

但是，这种开发模式需要针对多个平台分别开发相应的 App，不具备跨平台能力，修改任何代码都需要重新编译生成新的二进制安装文件，也不具备热更新能力。

目前市面上的绝大多数 App 都属于 Native App，尤其是那些超大型的

App，比如微信、QQ、支付宝这类国民 App，一定是通过原生技术开发出来的。Native App 依旧是当前的主流技术，在未来一段时间内也不会被取代，但是这并不影响在某些特定领域下其他开发模式的蓬勃发展。

1.1.2 Web App

Web App 是对解决跨平台与热更新问题的第一次尝试，其本质其实就是针对移动终端优化过的网站，且与传统的 Web 站点无异，都需要使用到 HTML、CSS、JavaScript。移动终端具备天生的热更新能力，用户通过移动终端浏览器进行访问，其体验与浏览网页无异。这得益于当今移动终端浏览器对 HTML5 的良好兼容性和其跨平台能力。

Web App 看似解决了问题，但实际上存在很大弊端。首先，这种开发模式过于依赖服务器端，因为 Web App 不会预先在本地存储代码，需要与服务器发生大量交互，对网络的要求很高。其次，Web App 对移动平台原生 API 的支持极其有限，因此只能算是在 UI 层面实现了跨平台，相比 Native App，其在功能和性能方面都难以得到保证。

目前市面上存在很多 Web App，大多都是对 Native App 的一个补充。即便不下载相应的 App，也可以直接打开手机浏览器访问淘宝、京东这样的网站。用户会看到专门为移动端适配过的网页，与在个人电脑（Personal Computer，PC）上看到的界面完全不一样，这便是所谓的 Web App，其本质其实还是网页的另一种形式。

1.1.3 Hybrid App

Hybrid 意为混合，即 Hybrid App 是 Native App 与 Web App 的结合。Hybrid App 的外壳是一个 Native App，因此各个平台都会生成各自的二进制安装文件，通过特定的方法实现对原生 API 的调用。由于各个移动平台都具有 WebView 控件（App 中调用浏览器内核渲染 Web 内容的控件），因此 Hybrid App 的内部通过类似 Web App 的方式具备了跨平台能力，但最大的区别在于 Hybrid App 一般将 HTML、CSS、JavaScript 代码预先保存在本地，与原生代码拥有同等的地位，服务器端将其视作 Native App，只需实现相应的交互接口即可。

至于上文提到的“通过特定的方法实现对原生 API 的调用”，则可以通过 Cordova 实现。Cordova 是 Apache 的开源项目，提供了一个通用的

JavaScript 接口平台，可以通过 JavaScript 调用移动平台原生 API，实现 Native App 的功能。

在 UI 界面的实现上，可以利用 HTML、CSS、JavaScript 进行手工编写，也可以利用一些 UI 框架加快开发进度。Ionic3 就是一款流行的 HTML5 开发框架，它提供了很多仿原生的 UI 控件，并且是免费、开源的。

Hybrid App 的架构可以简化为图 1 - 1 所示架构，可见 Hybrid App 具备完整的跨平台能力，其功能与性能都优于单纯的 Web App。

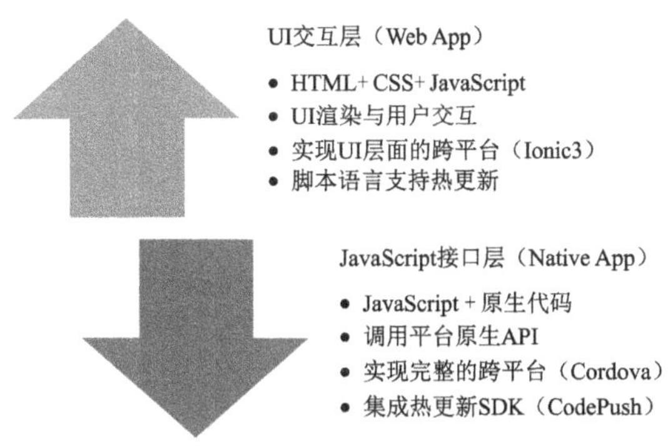

UI交互层（Web App）
• HTML+ CSS+ JavaScript
• UI渲染与用户交互
• 实现UI层面的跨平台（Ionic3）
• 脚本语言支持热更新
JavaScript接口层（Native App）
• JavaScript + 原生代码
• 调用平台原生API
• 实现完整的跨平台（Cordova）
• 集成热更新SDK（CodePush）

图 1 - 1 Hybrid App 的架构

由于 Hybrid App 与 Native App 一样，都是安装在移动终端上的 App，所以代码都是预先写好保存在本地的，只是这些代码与 Web App 一样，都是支持热更新的脚本语言。相比 Web App 而言，如何检查更新，如何下载更新，如何刷新本地文件以应用更新成为需要解决的问题，这便是 CodePush 的用武之地。

1.1.4 React Native

React Native 是 Facebook 推出的一套跨平台 App 开发框架，其采用 JSX 语言统一了多平台开发，JSX 是 Facebook 对 JavaScript 进行扩展后的语言。

不同于 Hybrid App 通过 HTML5 绘制 UI 的方案，React Native 可以调用移动平台的原生控件，其原理在于 React Native 在各个平台都有一个中间层，JavaScript 代码可以通过这个中间层驱动原生代码，因此性能比 Hybrid App 要高。然而不同平台的原生控件是不一样的，所以 Android 与 iOS 需要维护两套界面代码，只不过这两套代码的思想非常相似，都是基于 JSX 的。

本书使用 CodePush 热更新技术，实际上 CodePush 也同样提供了对 React Native 的官方支持，因此 React Native 也可以实现跨平台与热更新，同样是一套优秀的 App 开发方案。

React Native 官方的宣传口号是“Learn once，write everywhere”，但基于 HTML5 与 Cordova 的 Hybrid App 是“Write once，run everywhere”。对比这两者的区别，不难看出 Hybrid App 实际编写的代码量将会更少，React Native 依旧存在一定的开发和维护成本。

1.1.5 微信小程序

微信小程序也可以理解为 Hybrid App 的一种特殊形式，此时微信 App 本身就相当于 Ionic3、Cordova、CodePush 的结合体，其为上层的微信小程序提供了跨平台与热更新的支持。在 UI 交互层，可以使用微信提供的各种官方控件，在 JavaScript 接口层，需要通过微信 App 本身访问各平台的原生 API，每次运行时，微信小程序都会从后台检查并下载最新的代码，从而实现最简单的热更新。

微信小程序完全被限制在了微信的生态圈中，这意味着必须完全遵循微信制定的游戏规则，这也是为什么微信小程序并没有像人们预期的那样火爆。笔者认为，微信小程序只能算是一种阉割版的 App 开发模式，不光是因为技术上的原因，更多是因为商业上的原因。

现在，支付宝也推出了自己的小程序，其与微信小程序非常类似，在此不再赘述。

1.2 梳理学习路线

1.2.1 依赖关系

上一节通过对 Hybrid App 的介绍简单引出了 Ionic3 与 CodePush，这一节将详细阐述这两项技术，以及其所依赖的其他底层技术，为读者提供一条清晰的学习路线。

如图 1－2 所示，Ionic3 基于 Angular4，Angular4 又基于 TypeScript，因此需要先学习 TypeScript。TypeScript 是 Microsoft 推出的一门编程语言；Angular4 是 Google 推出的一套 Web 前端框架，用 TypeScript 实现；Ionic3

是 Angular4 在移动端的延伸，为 App 开发提供了很大的便利。

如图 1－3 所示，Cordova 实现了对平台原生 API 的调用，Ionic Native 是对 Cordova 的二次封装，在此基础上可以使 CodePush 的使用更加方便。读者可能会对这三者的关系产生困惑，通过学习接下来的章节对各项技术的详细介绍，就不难理解这三者的关系了。

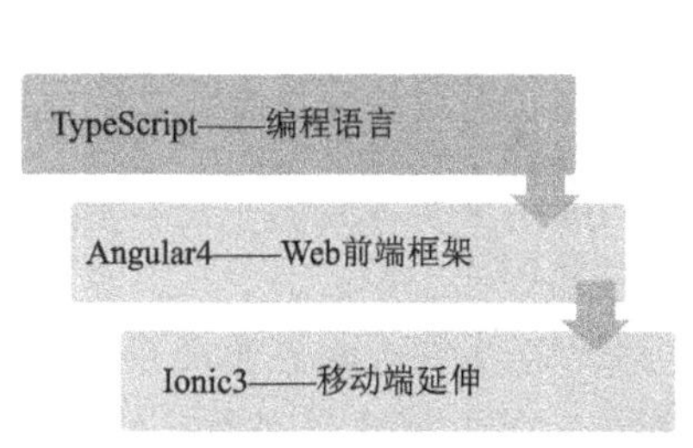

图 1－2　Ionic3 的学习路线

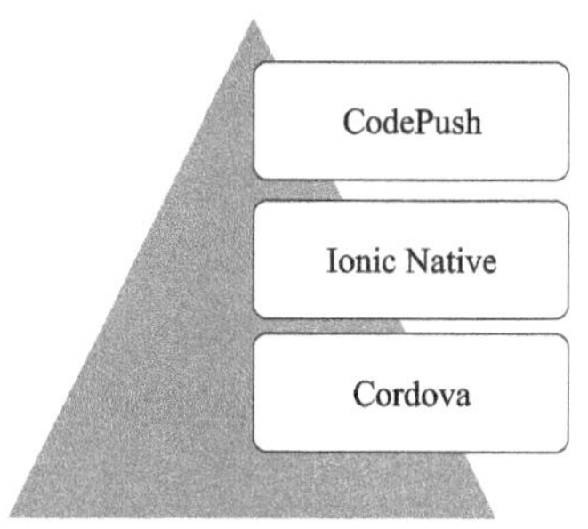

图 1－3　CodePush 的学习路线

1.2.2　TypeScript

TypeScript 是 Microsoft 推出的一门编程语言，在介绍 TypeScript 之前，需要先引出 ECMAScript 这个概念。简单来说，ECMAScript 是一种标准，人们熟知的传统 JavaScript 遵循 ECMAScript5，TypeScript 则遵循 ECMAScript6。直观上可以理解为，TypeScript 是更高级的 JavaScript，支持更多先进的技术，易用性更强。不妨先通过代码，看看 TypeScript 到底比 JavaScript 强在何处。

```
export abstract class BaseListPage {

    protected list:Array<any>;
    protected lastId:number;
    protected hasMore:boolean;

    protected constructor (
        protected myLoading:MyLoading
    ) { }
}
```

相信看过上述代码后，读者一定会感到十分惊讶，因为在 TypeScript 身上真是看不到一点 JavaScript 的影子，倒是颇有几分 Java 或 C#的神韵。没错，这就是 TypeScript 最大的特点：强类型与面向对象。

众所周知，传统的 JavaScript 是弱类型的语言，弱类型在带来灵活性的同时也降低了代码的严谨性与可维护性。当项目变得庞大，代码量激增的时候，这个问题会变得尤其明显。传统的 JavaScript 虽然具备对象的概念，但是它显然不是一门面向对象的语言，虽然可以基于原型链间接实现继承，但是实现起来非常麻烦。现在有了 TypeScript，以上的问题都不再是问题了，只要读者使用过 Java、C#或任何一门面向对象的语言，应当都会觉得 TypeScript 是那样的熟悉和亲切。

TypeScript 的出现令人欢欣鼓舞，但是读者心中可能会涌现出两个问题：曾经写过的 JavaScript 代码是不是全都失效了？浏览器到底能不能解析 TypeScript 代码？这两个问题其实都不用担心，因为 TypeScript 是 JavaScript 的超集，而且 TypeScript 可以编译成 JavaScript。这意味着，可以在 TypeScript 文件中混入任何 JavaScript 代码，甚至完全不用 TypeScript 的任何特性也没有关系。经过编译之后，所有的代码都会转化为传统的 JavaScript 代码，不用担心兼容性的问题。

TypeScript 的出现就是为了解决 JavaScript 广受诟病的一系列问题，从此 Web 开发将变得更加简单易用，其具体的语法规则将在第 4 章进行介绍。

1.2.3 Angular4

Angular4 是 Google 推出的一套 Web 前端框架，它借助 TypeScript 的力量，彻底颠覆了传统 Web 开发的思维方式。

在介绍 Angular4 之前，有必要先对 Angular 的发展史以及官方的开发计划作一个说明。第一代 Angular 被称作 AngularJS，于 2009 年正式发布；第二代 Angular 被称作 Angular2，于 2016 年 9 月 15 日正式发布，相隔 7 年之后，开始使用 TypeScript 作为底层支持，因此 Angular2 完全颠覆了上一代的技术。在 2017 年 3 月 24 日，Angular4 直接替代了 Angular2，虽然版本号跨度极大，但这其实只是一个小型更新。版本号具有一定的迷惑性，然而编者认为 Angular 其实只有两个大版本，分别是 AngularJS 和 Angular2，其分水岭就是 TypeScript。

Angular4 是单页面应用，所谓单页面应用是指只有一个主页面的应用，页面的跳转由路由程序动态载入，不再像传统网站那样完全跳转到一个新的页面。单页面应用在浏览器端完成了全部渲染工作，服务器端的作用只是提供接口，这在某种程度上与 App 有几分相似之处。

之所以说 Angular4 颠覆了传统 Web 开发的思维方式，除了具备 TypeScript 强类型与面向对象的风格之外，Angular4 还提出了 8 个全新的概念：模块（Module）、组件（Component）、模板（Template）、元数据（Metadata）、数据绑定（Data Binding）、指令（Directive）、服务（Service）和依赖注入（Dependency Injection）。本书会在第 5 章中详细介绍这些概念，读者现在只需有个大概印象即可。

最后，编者想简单提一下另一款 Web 前端开发框架——Vue，这款框架由中国团队开发，目前在国内异常火爆，在国外也是小有名气。如果读者之前接触过 Vue，那么 Angular 的学习过程将会被大大缩短，因为二者的很多思想，甚至语法都是高度相似的。Vue 并没有抄袭 Angular，只是借鉴了 Angular 的设计理念，在底层实现上采用了完全不同的机制。

1.2.4　Ionic3

Ionic3 是 Angular4 在移动端的延伸，但是 Ionic3 与 Google 并没有任何关系，完全由第三方机构开发并维护。Ionic3 提供了很多仿原生的面向移动端的 UI 控件，可以使 App 的开发更加方便快捷。编者认为，Ionic3 可以类比为 Bootstrap 框架，它为用户封装了很多现成的东西，这样就可以避免“重复造轮子”了。

Ionic 的发展与 Angular 是同步的，最初的 Ionic 基于 AngularJS，Ionic2 基于 Angular2，Ionic3 基于 Angular4，依此类推。不难看出，Angular4 提供的是一个底层框架，Ionic3 扮演的是一个上层界面的角色，因此对 Ionic3 的学习主要是对各种 UI 控件的学习，具体详见第 6 章 ~ 第 10 章的内容。

相比其他众多的 HTML5 开发框架，Ionic3 具有两个优势：一是将 TypeScript 作为开发语言，这使 Ionic3 具备了强类型与面向对象的开发风格，与原生 App 的开发风格更加接近；二是 Ionic3 会针对不同平台渲染出符合该平台设计风格的界面，比如在 Android 平台遵循 Material Design 风格，在 iOS 平台遵循扁平化风格，在 Windows 平台遵循 Metro 风格。这一切对于开发者来说都是透明的，因为开发者只需书写一遍代码，界面的渲染均由 Ionic3 负责实现，图 1－4 展示了同一个页面在三大移动平台上的不同界面风格，三大移动平台分别是 Android、iOS 和 Windows。

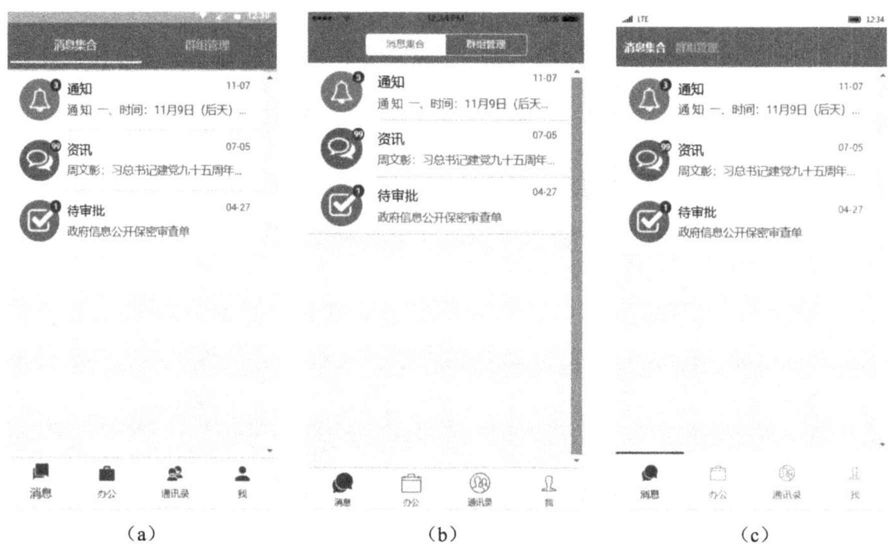

图 1－4 Ionic3 平台自适应风格

（a）Android；（b）iOS；（c）Windows

1.2.5 Cordova

Ionic3 只能完成界面渲染与用户交互的工作，无法调用移动平台的原生 API，而 Cordova 可以解决这个问题，从而实现真正意义上的跨平台。Cordova 的前身是 Adobe 的 PhoneGap，现作为 Apache 的开源项目发展壮大。Cordova 的架构如图 1－5 所示。

图 1－5 也可以看作 Hybrid App 的架构，其中 Web App 的部分由 Ionic3 负责实现，Cordova 负责对各个移动平台的 WebView 进行二次封装，这使 WebView 在渲染 HTML5 的同时也具备了与原生 API 交互的能力，即起到中间层的作用。

这个中间层其实是一个通用的 JavaScript 接口平台，在这个平台上可以引入各式各样的 Cordova 插件。每一个 Cordova 插件都由各个移动平台的原生代码以及统一的 JavaScript 接口代码组成，这样便可以通过统一的

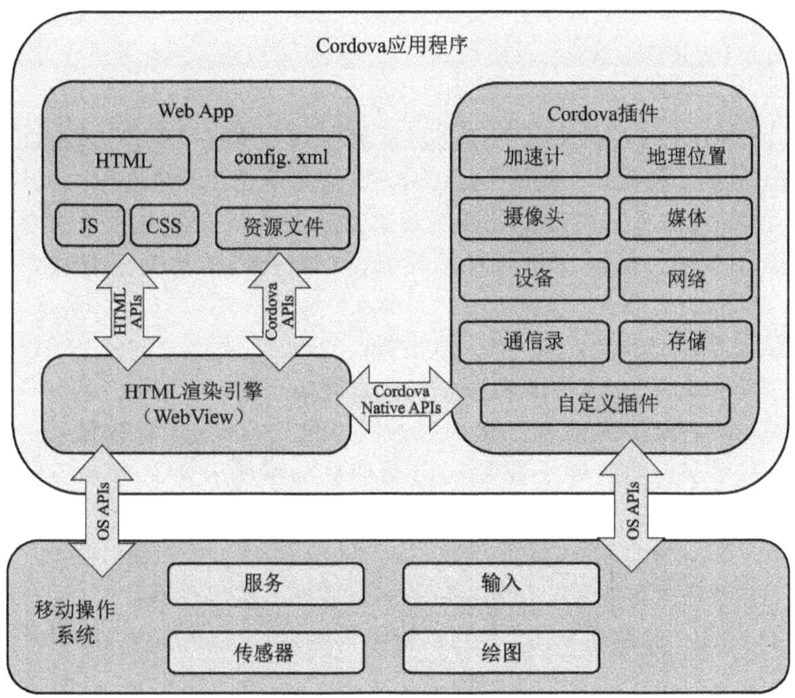

图1－5 Cordova 的架构①

JavaScript 代码实现对原生 API 的调用，这个调用过程是由每个 Cordova 插件中的原生代码负责实现的。Cordova 官方提供了很多常用的插件，任何第三方开发者也可以遵循这个通用 JavaScript 接口平台的规范，开发出自定义插件。读者不必深究 Cordova 插件的实现原理，只要会使用即可。

在介绍完 Cordova 之后，读者应当明确这样一个概念，Hybrid App 之所以能实现跨平台，是因为 Ionic3 通过一套 HTML5 的代码实现了界面渲染与用户交互，Cordova 插件通过多套原生代码适配了各移动平台，但在调用时却可以通过一套统一的 JavaScript 代码实现，因此整个 Hybrid App 在开发过程中只需编码一次。

① 图片引用自 Cordova 官方文档：http://cordova.apache.org/docs/en/latest/guide/overview/index.html，授权协议：Apache License 2.0。

1.2.6 Ionic Native

由于 Cordova 插件可以让 JavaScript 调用原生 API，因此它是面向传统 JavaScript 的，而 Ionic3 基于 Angular4，故需要使用 TypeScript 作为开发语言。虽然 TypeScript 是 JavaScript 的超集，但在 TypeScript 中混合大量传统 JavaScript 代码，会破坏面向对象的风格，使代码结构变得混乱而难以维护。

Ionic 团队考虑到了这一点，因此 Ionic Native 应运而生。Ionic Native 可以理解为在 TypeScript 与传统 JavaScript 之间建立起一座桥梁，其原理是对每个 Cordova 插件都进行二次封装，以方便 TypeScript 直接调用。Ionic Native 有很多优势，除了能让代码结构更加清晰合理之外，还引入了 Angular4 的依赖注入特性。

并非所有的 Cordova 插件都被 Ionic Native 支持，尤其是一些第三方开发的自定义插件可能还没有被 Ionic Native 收录。在这种情况下，可以使用传统的 JavaScript 调用方式，也可以使用 TypeScript 对其进行二次封装。

1.2.7 CodePush

CodePush 是 Microsoft 推出的一套热更新技术方案，是免费且开源的，其实现方式是将代码或资源文件以更新包的形式推送到移动终端。CodePush 可以实现对 Hybrid App 中的 HTML、CSS、JavaScript 代码以及相应的资源文件进行热更新，而无须重新安装 App。集成了 CodePush 的 App 看似和原生 App 无异，却具备实时获取更新的优势。

CodePush 也不是万能的，面对原生代码的修改它就显得无能为力，比如新增或更新了 Cordova 插件时，只能通过编译新的二进制安装文件进行传统方式的更新。

还有一点需要读者特别注意，作为 Microsoft 自家的热更新技术方案，CodePush 至今依然不支持 Windows 平台，只面向 Android 平台与 iOS 平台，这真是一件极其讽刺的事情。

CodePush 由三个部分组成：一是开发端 CLI，用来对热更新包进行管理，比如推送一个新的更新；二是托管在 Microsoft Azure 上的云端仓库，用来存储热更新包；三是客户端 SDK，用来实现检查更新、下载更新、应用更新等逻辑。CodePush 的流程如图 1－6 所示。

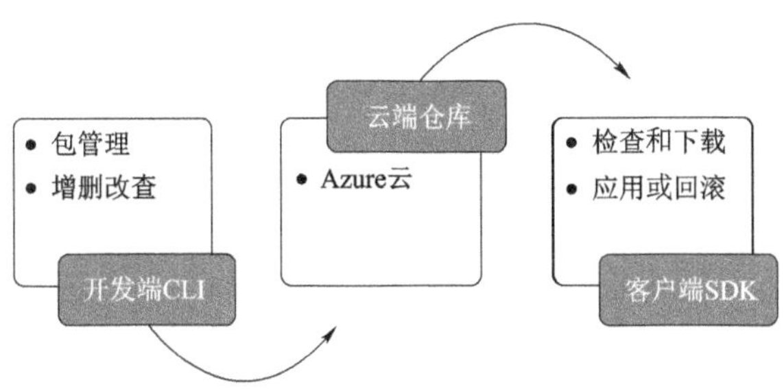

图 1－6　CodePush 的流程

开发端 CLI 比较复杂，相当于一个小型的 Git，其核心思想是分支管理与版本控制。客户端 SDK 就是一个 Cordova 插件，Ionic Native 也已经对它提供了支持。本书将在第 12 章中详细介绍这两部分的内容。

第2章 配置开发环境

2.1 安装 Node. js

Node. js 是配置其他环境的前提，如果读者对 Node. js 不熟悉那么也没有关系，只需要先将它安装好即可。

```
Node.js 官网链接：https://nodejs.org/zh-cn/
```

访问 Node. js 的官网，为了保证最佳的稳定性，推荐选择长期支持版（LTS）进行下载，如图 2－1 所示。

下载为 Windows (x64)

v6.11.3 LTS 推荐 | v8.5.0 当前 最近更新

其他下载 | 更新日志 | API 文档　其他下载 | 更新日志 | API 文档

图 2－1　Node. js 的下载界面

下载完成后，单击相应的安装文件进行安装。在选择安装模块时请保持默认的全选状态，如图 2－2 所示。

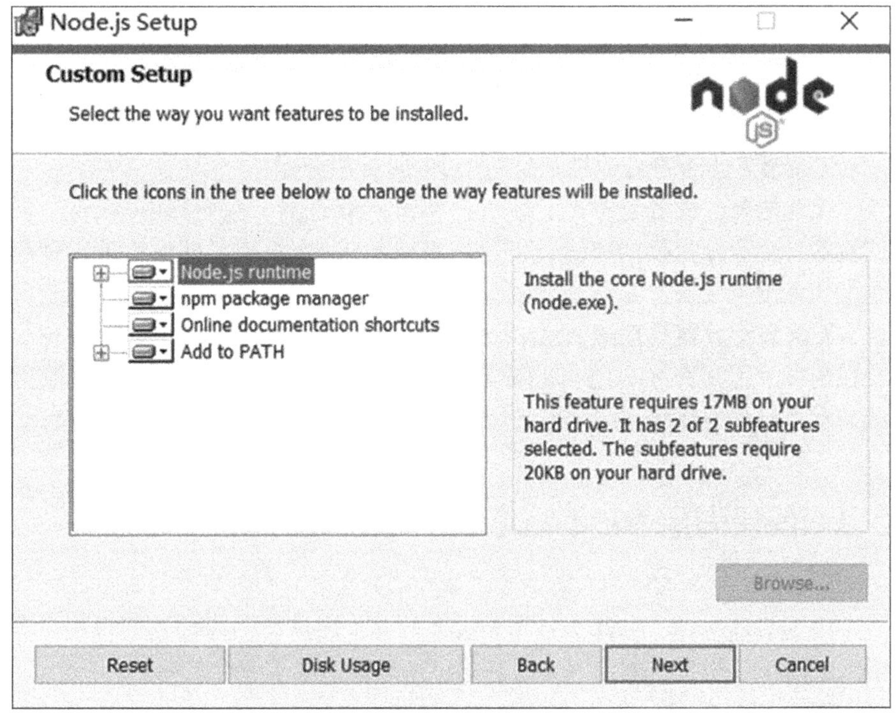

图 2－2　Node. js 的安装界面

安装完成后，打开命令行，输入“npm”，出现图 2－3 所示的界面，即代表安装成功。

命令提示符

```
C:\Users\Juncture>npm

Usage: npm <command>

where <command> is one of:
    access, adduser, bin, bugs, c, cache, completion, config,
    ddp, dedupe, deprecate, dist-tag, docs, edit, explore, get,
    help, help-search, i, init, install, install-test, it, link,
    list, ln, login, logout, ls, outdated, owner, pack, ping,
    prefix, prune, publish, rb, rebuild, repo, restart, root,
    run, run-script, s, se, search, set, shrinkwrap, star,
    stars, start, stop, t, tag, team, test, tst, un, uninstall,
    unpublish, unstar, up, update, v, version, view, whoami
```

图 2－3　“npm”命令的执行结果

由于使用 Mac 系统进行开发时，下载安装的步骤与 Windows 系统非常相似，故这里不再赘述，且一旦 Node. js 安装完成，后续的操作就完全一样，这得益于 Node. js 的跨平台能力。

最后简单地向读者介绍一下 Node. js，它是运行在服务器端的 JavaScript，可以完成 PHP、Java Web 等后端编程语言的工作，并且具备非常高的性能。在后续讲解 Ionic3 工程项目的调试时，为了实现对代码修改的动态部署，本书会在本地运行一个 Node. js 服务器。

除此之外，读者还需要了解一下 NPM 包管理器，这是随 Node. js 一同安装的一个十分重要的模块，可以用来管理 Node. js 项目的所有外部依赖包。如果读者接触过 Java 平台的 Maven 仓库，或 . Net 平台的 NuGet 包管理器，则应该十分容易理解 Node. js 平台的 NPM 包管理器。Ionic3 工程项目会在根目录下存在 node_modules 目录以及 package. json 文件，本书会在后续的学习过程中逐步介绍它们的用途。

2.2 使用淘宝 NPM 镜像

由于 Node. js 的 NPM 服务器架设在国外，国内访问起来速度很慢，有时又会由于一些特殊的原因无法访问，这严重影响了开发效率。

淘宝 NPM 镜像是阿里巴巴团队提供的一个完整镜像，与官方原版的同步频率为 10 min/次，因此可以保证数据的一致性。淘宝 NPM 镜像可以充分利用网络的带宽，同时避免了翻墙的麻烦，因此强烈推荐读者使用。

在安装好 Node. js 的基础上，打开命令行，输入以下命令（对于 Mac 系统需要在命令前加入关键字 “sudo”）：

```
npm config set registry https://registry.npm.taobao.org
```

只要没有报错即代表命令执行成功，继续在命令行中输入 “npm config get registry” 可以验证淘宝 NPM 镜像是否切换成功。

2.3 安装 Ionic CLI

在安装好 Node. js 的基础上，打开命令行，输入以下命令（对于 Mac

系统需要在命令前加入关键字“sudo”)：

```
npm install -g ionic
```

此命令是用来下载并安装 Ionic CLI 的，这是 Ionic 用来管理工程项目的必要模块。待其操作完毕后，继续在命令行中输入“ionic”，此时会被询问是否允许 Ionic CLI 自动更新，推荐选择“是”(输入字母“y”后按“Enter 键”)，出现图 2-4 所示的界面即代表安装成功。

图 2-4　“ionic”命令的执行结果

在安装好 Node.js 的基础上，打开命令行，输入以下命令(对于 Mac 系统需要在命令前加入关键字“sudo”)：

```
npm install -g cordova
```

此命令是用来下载并安装 Cordova CLI 的，Ionic CLI 中的部分功能依赖 Cordova CLI。待其操作完毕后，继续在命令行中输入“cordova”，此时会被询问是否允许 Cordova CLI 发送匿名使用数据，推荐选择“否”(输入字母“n”后按“Enter”键)，出现图 2-5 所示的界面即代表安装成功。

```
命令提示符

C:\Users\Juncture>cordova
Synopsis

    cordova command [options]
```

图 2-5　“cordova”命令的执行结果

2.4　安装 CodePush CLI

在安装好 Node.js 的基础上，打开命令行，输入以下命令(对于 Mac 系统需要在命令前加入关键字“sudo”)：

```
npm install -g code-push-cli
```

此命令是用来下载并安装 CodePush CLI 的，这是 CodePush 用来管理热更新包的重要工具。待其操作完毕后，继续在命令行中输入“code - push”，出现图 2 - 6 所示的界面即代表安装成功。

命令提示符

```
C:\Users\Juncture>code-push
```

```
CLI v2.1.0-beta

Mobile Center CodePush is a service that enables you to deploy

Usage: code-push <command>
```

图 2 - 6 “code - push”命令的执行结果

除了 CodePush CLI 之外，还需要安装 CodePush SDK，这涉及 Cordova 插件的安装与使用，这部分的内容将在第 12 章中进行介绍。

2.5 安装 Visual Studio Code

由于是 HTML5 的开发框架，故理论上任何文本编辑工具都可以作为开发工具，但编者更推荐使用 Visual Studio Code，这是 Microsoft 推出的一款免费轻量的代码编辑器。之所以推荐使用 Visual Studio Code，一方面是因为它继承了传统 Visual Studio 的诸多优点，天生支持 Microsoft 自家的 TypeScript 语言；另一方面是因为它支持安装各式各样的扩展，可以很方便地添加更多功能。

> Visual Studio Code 官网链接：https://code.visualstudio.com/

访问 Visual Studio Code 官网，选择对应的操作系统进行下载，如图 2 - 7 所示。

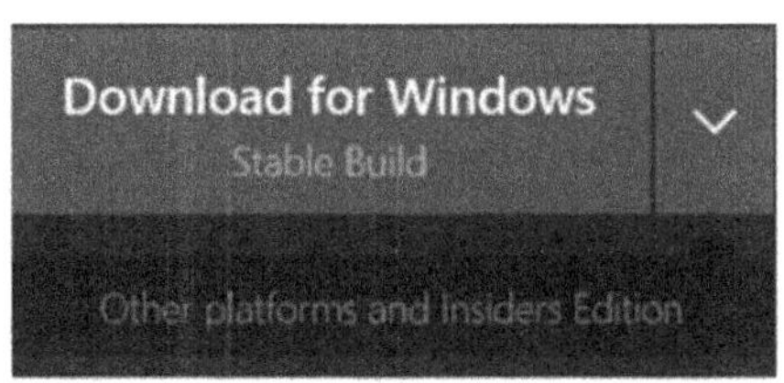

图2-7 Visual Studio Code 的下载界面

下载完成后，单击相应的安装文件进行安装。在选择其他任务时推荐全选，如图2-8所示。

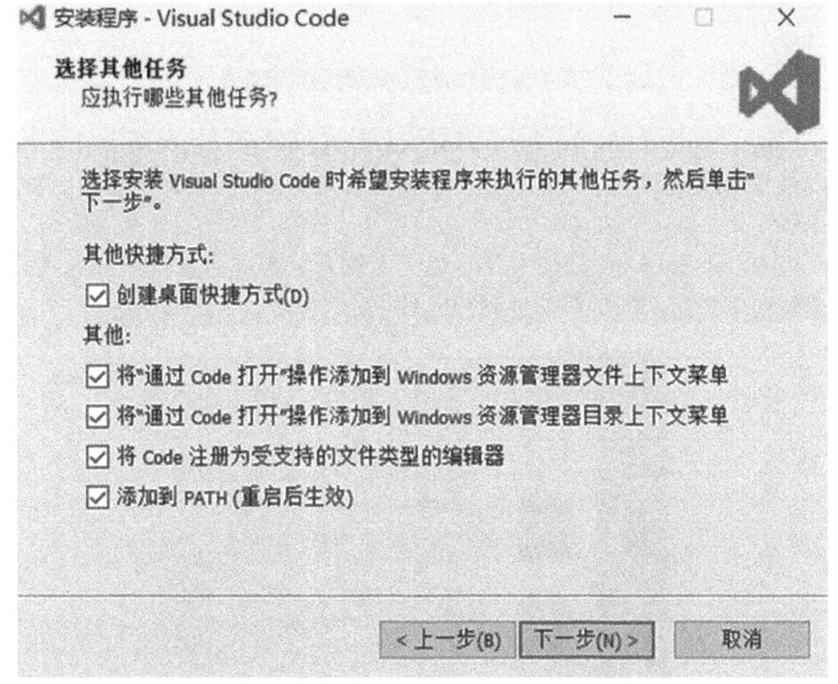

图2-8 Visual Studio Code 的安装界面

由于使用 Mac 系统进行开发时，下载安装的步骤与 Windows 系统非常相似，故这里不再赘述。一旦 Visual Studio Code 安装完成，后续的操作就非常相似了，因为 Visual Studio Code 本身就是使用 HTML5 开发出来的，天生具备跨平台能力。

安装完成后，需要进行一些简单的配置。在菜单中找到首选项，之后单击设置，即可打开用户设置文件，如图2-9所示。

图 2-9 Visual Studio Code 的用户设置界面

Visual Studio Code 中的所有设置项都是通过键值对的形式进行定义的，左边是官方提供的默认设置，可以在右边进行覆盖，之后直接进行保存即可生效。

Visual Studio Code 的强大之处在于支持安装各式各样的扩展，单击左侧边栏中的最后一项即可切换到相应的页面，如图 2-10 所示。

图 2-10 Visual Studio Code 的扩展界面

强烈推荐读者安装 vscode-icons 这款扩展，因为其使 Visual Studio Code 可以针对不同类型的文件显示不同的图标，并且支持 Angular 工程项目的定制化图标显示。

2.6　配置 Android 环境

2.6.1　Java 环境变量

Android 环境依赖 Java 环境，因此需要先完成 Java 的安装以及 Java 环境变量的配置。Windows 系统与 Mac 系统存在很大的不同，请读者自行查阅相关资料完成 Java 的安装和配置。

2.6.2　Android Studio

Android 开发需要使用到 Android SDK，这也是 Cordova 需要使用到的部分。Android SDK 是 Android Studio 的一部分，因此需要先下载并安装 Android Studio。

Android Studio 官网链接：https://developer.android.google.cn/studio/index.html

访问 Android Studio 官网，选择对应的操作系统进行下载，如图 2－11 所示。

图 2－11　Android Studio 的下载界面

下载完成后，单击相应的安装文件进行安装。在选择安装模块时请保持默认的全选状态，如图 2－12 所示。

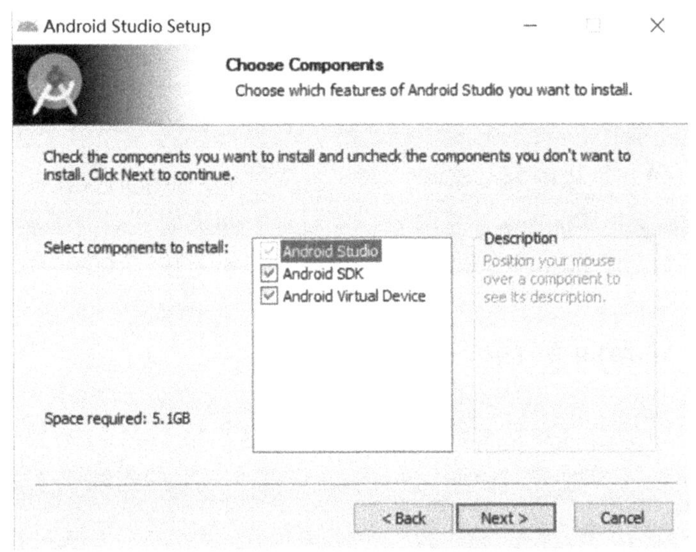

图 2－12 Android Studio 的安装界面

Android Studio 比较庞大冗杂，因此安装过程也比较漫长。安装完成后首次启动 Android Studio 时，还需要下载一些额外的工具包，请保持网络畅通并耐心等待。

由于使用 Mac 系统进行开发时，下载安装的步骤与 Windows 系统非常相似，故这里不再赘述。

2.6.3 Android 模拟器

在调试 Android 应用时需要使用真实的移动设备，也可以选择 Android 模拟器替代，虽然这样无疑更加方便，但也对用于开发的计算机提出了更高的性能要求。

打开 Android Studio，随便新建一个工程项目以便进入主界面（或者直接打开章节 3.3.1 中 Android 调试时自动生成的项目），之后在菜单栏中选择“Tools”→“Android”→“AVD Manager”选项，如图 2－13 所示。

在弹出的窗口中单击“Create Virtual Device”按钮，之后又会弹出一个新的窗口，如图 2－14 所示。

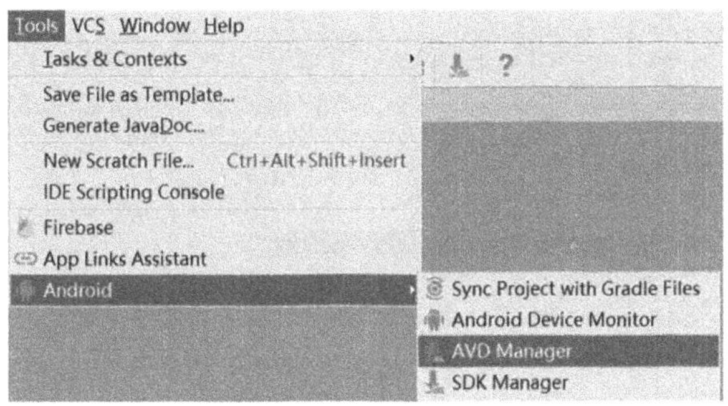

图 2－13　选择“AVD Manager”选项

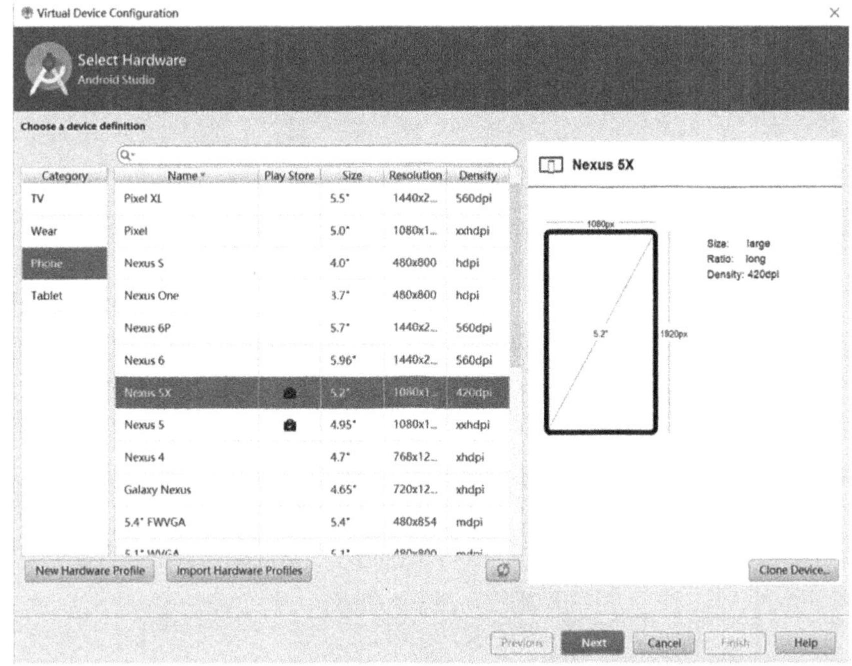

图 2－14　选择设备型号的窗口

在列表中选择希望模拟的设备型号，单击“Next”按钮，之后进入一个新的页面，如图 2－15 所示。

请务必切换到“x86 Images”标签下，在列表中选择希望加载的系统镜像（安装 Android Studio 时会至少安装一个系统镜像，推荐读者选择这个已经下载到本地的系统镜像），单击“Next”按钮，之后进入一个新的页面，如图 2－16 所示。

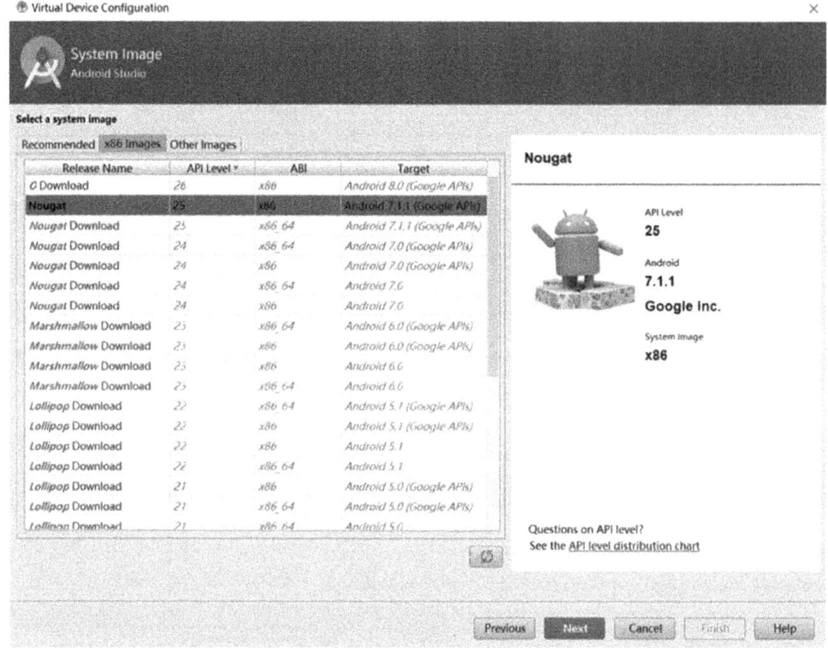

图 2－15　选择系统镜像的窗口

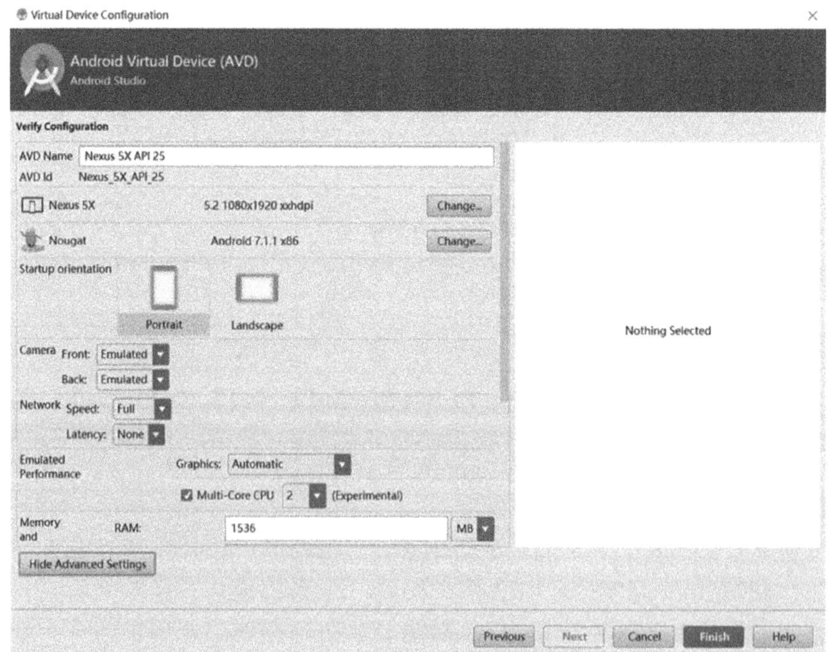

图2－16　定制硬件参数的窗口

在这个页面中可以对模拟器的硬件参数进行定制(建议读者取消对“Enable Device Frame”复选框的勾选，这样可以不显示默认的手机边框，从而换取更大的显示空间)，单击“Finish”按钮即可完成整个配置流程。

2.7　配置 iOS 环境

2.7.1　前期准备

iOS 开发要比 Android 开发复杂得多，首先必须有一台 Mac 设备，其次还需要申请一个 Apple 开发者账号，二者的成本都不低。

关于 Mac 设备，强烈建议读者将系统升级到最新版本，因为只有最新版的 MacOS 系统才支持安装最新版的 Xcode，进而支持安装最新版的 iOS 系统，以及最新的模拟器设备。Apple 的更新策略非常激进，最新版 iOS 系统的安装率常常可以达到 90%，因此必须保证所开发的 App 是在最新版的 Xcode 上完成编译的。

关于 Apple 开发者账号，需要按年付费，因此这也是一笔不小的开支。在开发调试阶段可以没有 Apple 开发者账号，但在发布到应用商店时却是必需的。Apple 开发者账号的申请流程不是本书的重点，鉴于其申请过程比较烦琐复杂，因此为读者推荐一篇不错的博文（作者：misswuyang）。

> 2017 年最新苹果开发者账号注册申请流程最强详解：http://www.jianshu.com/p/6880c4603121

2.7.2　Xcode

iOS 开发需要使用到 iOS SDK，这也是 Cordova 需要使用到的部分。iOS SDK 是 Xcode 的一部分，因此需要先下载并安装 Xcode。

打开 MacOS 系统中的 App Store 并搜索 Xcode，单击“获取”按钮（之后该按钮会变为安装 App 的按钮）即可开始下载和安装，如图 2-17 所示。

Xcode 比较庞大冗杂，因此下载和安装过程也比较漫长，请保持网络畅通并耐心等待。

首次运行时，需要先同意 Xcode 的相关协议，如图 2-18 所示。

图 2-17　Xcode 的获取界面

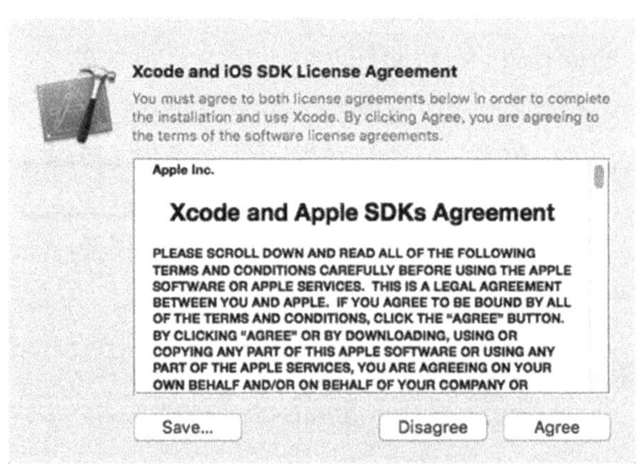

图 2-18　Xcode 的相关协议

在这之后，还需要再经历另一个安装初始化的过程，所以配置 iOS 环境需要有一定的耐心。

2.7.3　iOS 模拟器

在调试 iOS 应用时需要使用真实的移动设备，也可以选择 iOS 模拟器替代，这样无疑更加方便。与 Android 不同的是，iOS 与 MacOS 在底层具有很大的相似性，因此 iOS 模拟器的性能是很高的。

打开 Xcode，随便新建一个工程项目以便进入主界面（或者直接打开章节 3.3.2 中 iOS 调试时自动生成的项目），之后可以在顶部看到模拟器支持的所有设备类型，如图 2 – 19 所示。

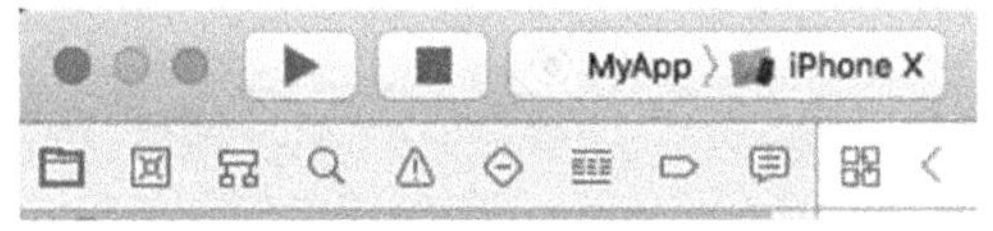

图 2 – 19　设备类型

与 Android 不同的是，iOS 的设备类型只有固定的几种，在 Xcode 中已经全部被预先配置好了，不需要再进行任何额外的定制操作。当前模拟器的默认设备类型是 iPhone X，单击即可在列表中进行切换，这一点比 Android 方便得多。

第3章 Ionic3 初体验

3.1 新建工程项目

在 Ionic CLI 与 Cordova CLI 均安装好的基础上，打开命令行，切换到希望项目所在的目录下，输入以下命令：

```
ionic start demoProject tutorial
```

此命令是用来下载并新建一个 Ionic3 的工程项目的，项目名称为"demoProject"，项目生成的位置即当前目录下。"tutorial" 是套用官方提供的模板名称，除此之外还存在其他模板，如下所示：

（1）tabs：一个包含 3 个 tab 布局的模板。

（2）sidemenu：一个包含侧面菜单栏布局的模板。

（3）blank：一个单纯的空页面模板。

（4）super：一个包含 14 个页面的综合性模板。

（5）tutorial：一个面向初学者的引导式模板。

由于 NPM 会解决一切依赖问题，所以 TypeScript、Angular4 和 Ionic3 等都会自动进行下载，因此 Ionic3 的新建工程项目过程是很方便的。

下载完成后，会被询问是否需要连接到 Ionic Dashboard，推荐选择“否”（输入字母“n”后按“Enter”键）。如果读者感兴趣的话，也可以自行研究相关内容。

3.2 浏览器的调试

新建工程项目完成后，输入以下命令：

```
cd demoProject
```

此命令将切换到“demoProject”目录下，之后输入以下命令：

```
ionic serve -lcs
```

此命令是在调用本地浏览器进行调试，也是日后开发过程中最常用的一个命令，“-lcs”参数是三个参数的集合体，实现了多平台显示、动态部署和打印日志等相关功能。

命令执行完毕后，将调起系统的默认浏览器，并同时显示 Android、iOS 和 Windows 三种界面（如果缺少某个界面，则请在右上角的“Platforms”下拉菜单中进行勾选），如图 3-1 所示。

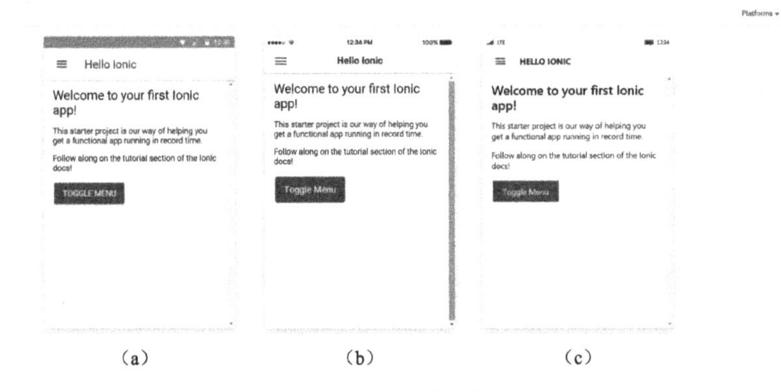

图 3-1　浏览器的调试界面

（a）Android；（b）iOS；（c）Windows

如果不想通过默认浏览器进行调试，也可以通过“ -w” 参数手动进行指定，以 Chrome 浏览器为例，相关命令如下所示：

```
ionic serve -lcs -w chrome
```

调用本地浏览器进行调试时，请不要关闭命令行窗口，因为那是一个正在运行的 Node. js 服务器，用来实现对代码修改的动态部署。当对任何一行代码进行修改后，只需按下组合键“Ctrl + S”，浏览器便会自动刷新，实时显示修改后的效果。

有些时候，可能会碰到浏览器缓存的问题，导致修改后的代码不能实时生效（这种情况其实并不常见，但是确实会在特定条件下发生），此时相比每次都手动清除浏览器缓存，一种更简单有效的做法是在开发模式下禁用浏览器缓存（只针对开发模式，不影响日常使用）。

以 Chrome 浏览器为例，按下“F12”键，此时会弹出开发者工具，之后再按下“F1”键（或者单击右上角的三个小圆点选项，选择“设置”选项）进入设置页面，选中“Disable cache (while DevTools is open)”选项前面的复选框即可，如图 3 -2 所示。

在日后的浏览器调试过程中，请保持“F12”键触发的开发者工具处于打开状态，因为只有在这种情况下才会禁用缓存。这种做法还有另一个好处，就是可以方便地看到浏览器后台的输出以及报错信息，因此也推荐读者采用这种方式进行浏览器调试。

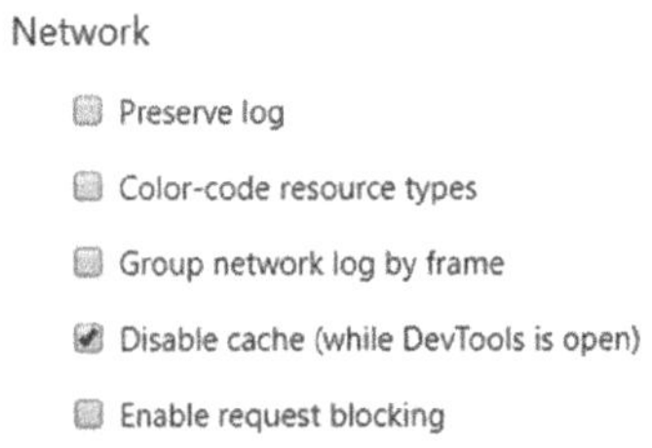

图 3 -2 禁用浏览器缓存

3.3 模拟器的调试

3.3.1 Android 模拟器的调试

在配置好 Android 环境的前提下，切换到“demoProject”目录，输入以下命令：

```
ionic cordova platform add android
```

此命令将通过 Cordova 生成相应的 Android Studio 工程项目，并且会下载一些必要的组件，这样才能进行后续的 Android 模拟器调试。待其操作完成后，继续输入以下命令：

```
ionic cordova emulate android -lcs
```

此命令是在调用 Android 模拟器进行调试，第一次运行时同样需要下载一些必要的组件，请读者耐心等待。待其操作完成后，将调用设定的默认 Android 模拟器，如图 3-3 所示。

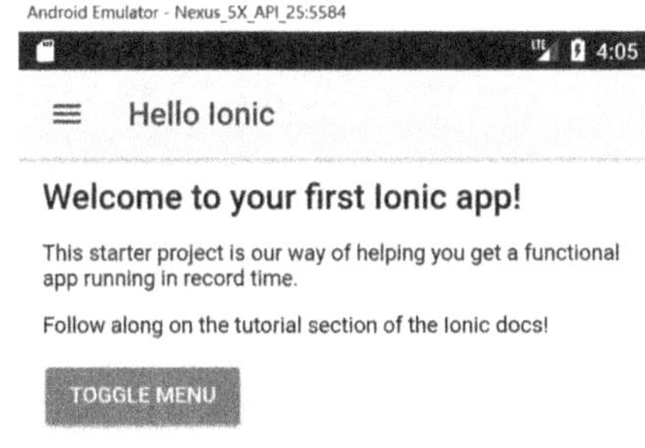

图 3-3　Android 模拟器的调试界面

如果不想通过默认 Android 模拟器进行调试，也可以手动进行指定，本书将在后续的 iOS 调试相关内容中一并介绍。

除了调用 Android 模拟器进行调试之外，也可以利用真机进行调试，需要输入以下命令：

```
ionic cordova run android -lcs
```

与调用本地浏览器进行调试时相同，请不要关闭命令行窗口，因为那是一个正在运行的 Node. js 服务器，用来实现对代码修改的动态部署。

3.3.2 iOS 模拟器的调试

iOS 模拟器的调试需要在 Mac 设备上进行，除了这个硬性的限制条件外，其他方面都与 Android 模拟器的调试非常相似。

在配置好 iOS 环境的前提下，切换到“demoProject”目录下，输入以下命令：

```
ionic cordova platform add ios
```

此命令将通过 Cordova 生成相应的 Xcode 工程项目，并且会下载一些必要的组件，这样才能进行后续 iOS 模拟器的调试。待其操作完成后，继续输入以下命令：

```
ionic cordova emulate ios -lcs
```

此命令用来调用 iOS 模拟器进行调试，待其操作完成后，将调用设定的默认 iOS 模拟器，如图 3 -4 所示。

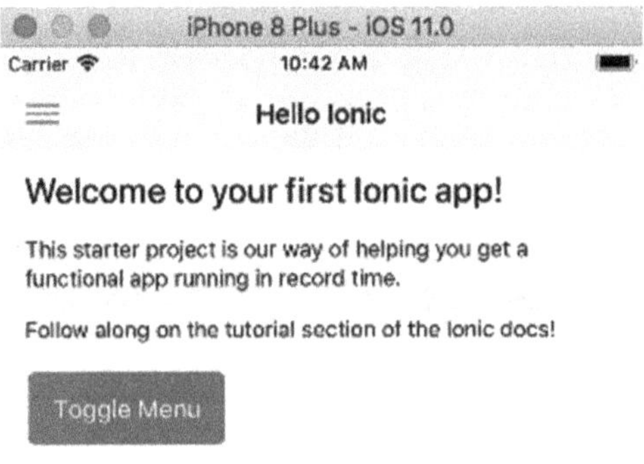

图 3 -4 iOS 模拟器的调用界面

如果不想通过默认 iOS 模拟器进行调试，也可以手动进行指定，前提是知道系统中已经配置好的全部模拟器的名称，因此需要先输入以下命令：

```
ionic cordova emulate ios --list
```

命令执行完毕后，会以列表的形式显示全部模拟器的名称，如图 3 - 5 所示。

```
WQOA — -bash — 84×33
localhost:WQOA juncture$ ionic cordova emulate ios --list
> cordova run ios --list --emulator
Available ios virtual devices:

iPhone-5s, 11.1
iPhone-6, 11.1
iPhone-6-Plus, 11.1
iPhone-6s, 11.1
iPhone-6s-Plus, 11.1
iPhone-7, 11.1
iPhone-7-Plus, 11.1
iPhone-8, 11.1
iPhone-8-Plus, 11.1
iPhone-SE, 11.1
iPhone-X, 11.1
iPad-Air, 11.1
iPad-Air-2, 11.1
iPad--5th-generation-, 11.1
iPad-Pro--9-7-inch-, 11.1
iPad-Pro, 11.1
iPad-Pro--12-9-inch---2nd-generation-, 11.1
iPad-Pro--10-5-inch-, 11.1
Apple-TV-1080p, tvOS 11.1
Apple-TV-4K-4K, tvOS 11.1
Apple-TV-4K-1080p, tvOS 11.1
Apple-Watch-38mm, watchOS 4.1
Apple-Watch-42mm, watchOS 4.1
Apple-Watch-Series-2-38mm, watchOS 4.1
Apple-Watch-Series-2-42mm, watchOS 4.1
Apple-Watch-Series-3-38mm, watchOS 4.1
Apple-Watch-Series-3-42mm, watchOS 4.1
```

图 3 - 5　全部模拟器的名称

建议读者直接复制相应的模拟器名称，之后通过“ --target”参数手动进行指定，以 iPhone X 模拟器为例，相关命令如下所示：

```
ionic cordova emulate ios -lcs --target="iPhone-X,11.1"
```

除了利用模拟器进行调试之外，也可以利用真机进行调试，需要输入以下命令：

```
ionic cordova run ios -lcs
```

与调用本地浏览器进行调试时相同，请不要关闭命令行窗口，因为那是一个正在运行的 Node. js 服务器，用来实现对代码修改的动态部署。

3.4 梳理目录结构

在之前的章节中读者已经看到了 demoProject 的运行效果，相信读者对 Ionic3 已经有了直观的感受，接下来简单分析一下 Ionic3 工程项目的目录结构，让读者对 Ionic3 有一个更加深入的认识。

在项目文件夹上单击鼠标右键，选择用 Visual Studio Code 打开（选择“Open with Code”选项），如图 3-6 所示。

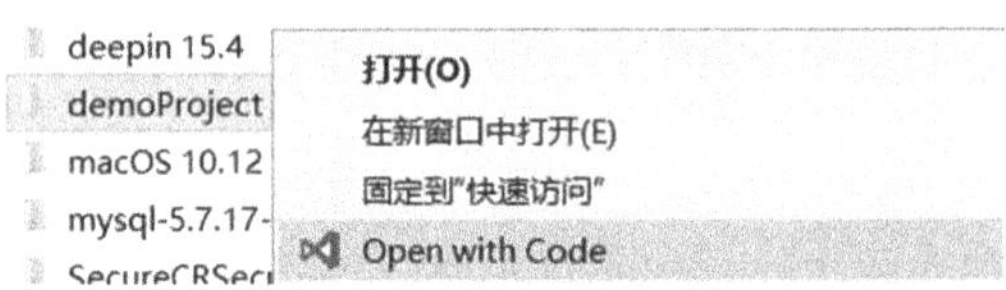

图 3-6　用 Visual Studio Code 打开

用 Visual Studio Code 打开后，可以看到其根目录结构，如图 3-7 所示。

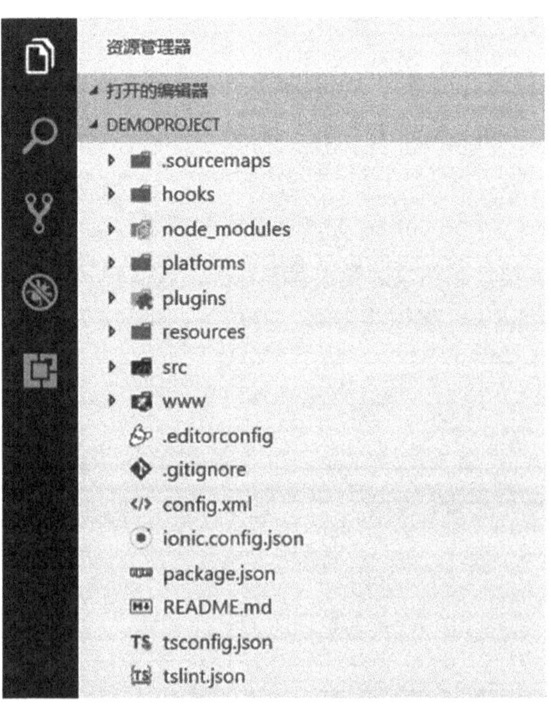

图 3-7　根目录结构

接下来只对几个常用的目录及文件进行简要介绍，没有介绍到的部分在实际开发中一般也无须改动，读者如果感兴趣的话可以自行查阅相关资料。

（1）node_modules：Node. js 工程的模块目录，包含整个项目所需的所有外部依赖，比如 TypeScript、Angular4 和 Ionic3 等。这个目录的作用可以理解为 Java 中的 jar 包，或者 . Net 平台的 dll 文件。

（2）platforms：调试模拟器时生成的目录，包含 Cordova 生成的 Android 或者 iOS 的工程项目，可以在 Android Studio 或者 Xcode 中打开。

（3）plugins：调试模拟器时生成的目录，包含相关的 Cordova 插件。

（4）resources：资源目录，展开后可以看到 Android 与 iOS 两个子目录，分别存放了适配各自系统的 logo 图标以及欢迎页图片。

（5）src：源代码目录，将在后面进行详细阐述。

（6）www：浏览器调试时生成的目录，包含相关的源代码及必要的库文件，可以直接在浏览器中运行。

（7）config. xml：Ionic3 配置文件，包含一些全局配置信息。

（8）package. json：Node. js 工程的包管理文件，决定了“node_ modules”目录中包含的内容。

将“src”目录展开后，还可以看到存在许多子目录，如图 3－8 所示。

（1）app：引导目录，包含 Ionic3 工程项目的引导代码，可以理解为首次启动时需要执行的必要代码。

（2）assets：资源目录，一般用来存放多媒体文件，主要是各类图片，除此之外，也可以存放需要引用的第三方 JavaScript 库文件。

（3）pages：页面目录，App 是由若干页面组成的，所以这个目录才是整个工程项目中最庞大的组成部分。页面目录中又分为多个子目录，建议根据功能点进行划分。每个页面均由 html、scss 和 ts 三类文件组成，其中 ts 是 TypeScript 文件的扩展名，可以将其类比为传统的 JavaScript 文件，这与传统的 Web 开发模式是非常相似的。

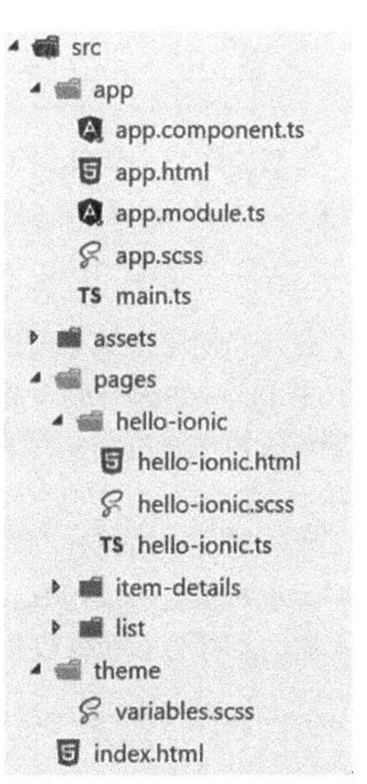

图 3－8　“src”子目录结构

(4) theme：主题目录，该目录下只包含一个 variables. scss 文件，定义了全局的主题样式。

(5) index. html：主页文件，可以将其类比为传统 Web 中的网页主页。

这一节只是以蜻蜓点水的方式让读者对 Ionic3 的目录结构有一个宏观的认识，读者无须纠结于具体的代码，因为这涉及 TypeScript、Angular4 和 Ionic3 等多方面的知识，是接下来要学习的内容。在后续的学习过程中，读者可以再回过头来对本章中的代码进行梳理，以加深对所学知识的理解。

3.5 查看官方 Demo

新建工程项目时的模板比较单薄，Ionic3 官方还提供了一个功能比较完整的 Demo，名称是“Ionic Conference Application”。这是一个与会议议程相关的示例 App，并且还在不断迭代开发中，因此需要读者自行从 GitHub 上进行下载。

官方 Demo 的 GitHub 项目网址：https://github.com/ionic-team/ionic-conference-app

下载完毕后，切换到工程项目目录下，输入以下命令：

```
npm install
```

此命令用于下载必要的依赖包以及第三方库，因为从 GitHub 上下载的只是 Demo 的源码以及相应的资源文件。下载完毕后，就可以使用浏览器或者模拟器进行调试并运行，成功运行的官方 Demo 界面如图 3-9 所示。

读者现在无须纠结于具体的代码，但是建议读者在后续章节的学习过程中经常回顾这个官方 Demo 的代码，相信在每一个学习阶段都会产生新的理解，也都会有新的收获。

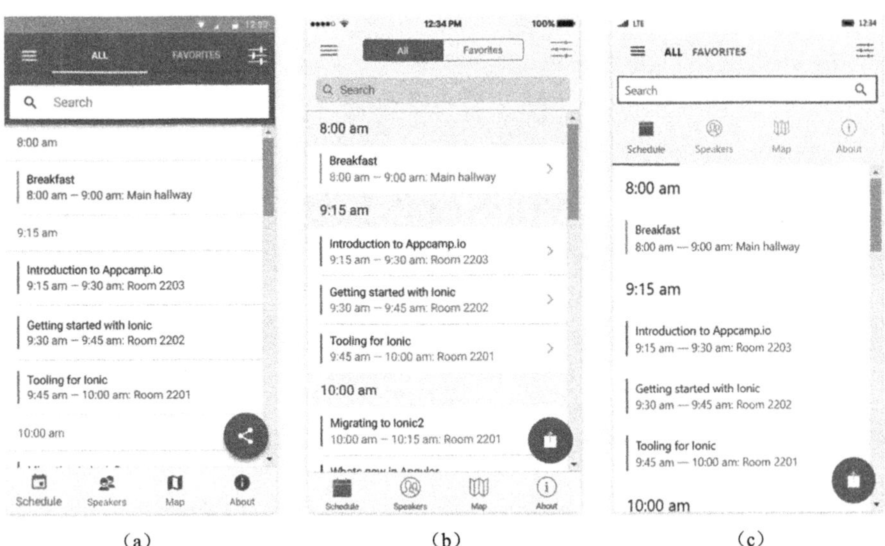

（a）　　　　（b）　　　　（c）

图 3－9　成功运行的官方 Demo 界面

（a）Android；（b）iOS；（c）Windows

TypeScript 基础语法入门

4.1　声明与建议

本章中的部分内容参考了 TypeScript 官方文档，并从中提炼出了常用的基础语法，以方便读者快速入门。由于本书默认读者已经具备 JavaScript 的基础知识以及面向对象的开发思想，因此只对 TypeScript 的基础语法进行简要介绍。

> TypeScript 官方文档:https://www.tslang.cn/docs/

TypeScript 官方文档的授权协议是 Apache License 2.0。

4.2　配置独立环境

这一节的内容不是必须的，读者可以选择跳过。

在 3.1 节新建 Ionic3 工程项目的过程中，实际上就已经自动完成了 TypeScript 的环境配置，但是这必须在 Ionic3 的工程中进行编码，不太适合初学者单独上手研究 TypeScript。即便不使用 Ionic3，也可以单独使用 TypeScript 进行编码，只需要配置 TypeScript 的独立环境即可。

在安装好 Node.js 的基础上，打开命令行，输入以下命令：

```
npm install -g typescript
```

此命令用来下载并安装 TypeScript 编译器，从而将 TypeScript 编译为 JavaScript。待其操作完毕后，继续在命令行中输入“tsc”，出现图 4-1 所示的界面即代表安装成功。

```
命令提示符

C:\Users\Juncture>tsc
Version 2.5.2
Syntax:   tsc [options] [file ...]

Examples: tsc hello.ts
          tsc --outFile file.js file.ts
          tsc @args.txt
```

图 4-1　执行“tsc”命令的结果界面

假设新建了一个 TypeScript 文件并将其命名为“hello.ts”，当完成相应的编码工作后，需要在命令行中输入“tsc”命令进行编译，之后就可以在相同目录下看到编译生成的 hello.js 文件。

```
tsc hello.ts
```

有关“tsc”命令的高级用法，读者可以参考 TypeScript 的官方文档自行学习。

4.3　变量类型

4.3.1　类型定义

TypeScript 与 JavaScript 的第一个不同点就是强类型。在 JavaScript 中，

如果要声明一个布尔变量，则会使用以下这种写法：

```
var isDone = false;
```

由于 TypeScript 是 JavaScript 的超集，故同样的代码也不会出现任何语法错误，但是为了使用 TypeScript 的强类型特性，应当改写为以下这种形式：

```
let isDone:boolean = false;
```

首先使用 let 关键字取代 var，let 是 ECMAScript6 中引入的新关键字，可以解决 JavaScript 中作用域的问题，因此推荐读者使用这种新的变量声明方式。变量 isDone 被指定为 boolean 类型，但是写法上与常见的强类型语言不同，TypeScript 是将类型限定符写在了变量名称的后面，并且通过冒号进行分隔。

除了 boolean 类型外，TypeScript 还支持以下几种基本类型：

```
let name:string = "bob";
let age:number = 37;
```

其中 string 关键字代表字符串类型，这与其他大多数语言一致。number 关键字代表数字类型，和 JavaScript 一样，所有的数字类型都是浮点数。

数组类型也是一种十分常见的类型，它有以下两种等价的定义方式：

```
let list:number[] = [1,2,3];
let list:Array<number> = [1,2,3];
```

第一种定义方式与传统的数组定义方式更加接近，第二种定义方式则是运用了泛型的方式，这在很多面向对象的语言中也是十分常见的。

有些时候，人们会怀念 JavaScript 中的弱类型，因为这样比较灵活，在 TypeScript 中可以通过 any 关键字来实现这个愿望。

```
let notSure:any = 4;
notSure = "maybe a string instead";
notSure = false;
```

这种写法与 JavaScript 的弱类型效果一致，但 any 关键字是不能省略的，因为这涉及 TypeScript 的类型推断机制。

4.3.2　类型推断

TypeScript 允许省略变量的类型限定符，这是因为 TypeScript 具备类型推断机制，可以根据赋值自动推断出变量的类型。

```
let auto =4;
```

虽然没有对变量 auto 限定任何类型，但是数字 4 的出现会使 TypeScript 自动推断出其类型为 number。鉴于此，在需要的时候，必须显式地声明 any 关键字以避免 TypeScript 的类型推断机制。

类型推断机制在 TypeScript 中广泛存在，除了变量赋值之外，还存在于函数的返回值中。

4.3.3　类型断言

TypeScript 还存在类型断言机制，可以将其理解为大多数语言中的强制类型转换，其存在两种等价的语法规则，具体如下：

```
let someValue:any = "this is a string";
let strLength:number =( <string >someValue).length;
let strLength2:number =(someValue as string).length;
```

虽然变量 someValue 被定义为 any 类型，但是实际上它具备 string 类型的特性，因此在需要时可以将其转化为 string 类型以实现相应的功能，这便是 TypeScript 的类型断言机制。

4.4　函数

4.4.1　类型限定

TypeScript 中的函数与 JavaScript 中的函数大同小异，只是得益于

TypeScript 的强类型特性，函数可以像大多数语言那样声明类型。在 JavaScript 中，函数的定义如下：

```
    function add(x,y) {
        return x +y;
    }
```

如果引入 TypeScript 的类型限定符，则可以改写如下：

```
    function add(x:number,y:number):number {
        return x +y;
}
```

该函数包含两个 number 类型的参数，并且返回值也是 number 类型。实际上，函数参数的类型限定更有意义，在大多数情况下可以省略函数的返回值类型，因为 TypeScript 具有类型推断机制，可以自动推断出返回值的正确类型，这样可以减少代码量。

同理，也可以在 TypeScript 中定义匿名函数，其语法如下：

```
    let myAdd = function(x:number,y:number):number
{return x +y;};
```

如果函数没有返回值，那么会被自动推断为 void 类型，void 关键字既可以显式地声明，也可以省略。

4.4.2 可选参数

在 JavaScript 中，函数的所有参数都是可选的，如果不传递则会被设定为 undefined 而不会报错，但这在 TypeScript 中默认是不被允许的，传递的参数个数必须与函数期望的个数一致。TypeScript 中也提供了对可选参数的支持，需要使用以下这种语法：

```
    function buildName(firstName:string,lastName?:
string){
        if (lastName)
```

```
            return firstName + " " + lastName;
        else
            return firstName;
}
```

在参数 lastName 后面标记一个问号即可将其设定为可选参数，但是还需遵守另外一条语法规则，即可选参数必须放置在必选参数之后。如果函数有多个参数，有些必选，有些可选，那么所有可选参数都必须放置在所有必选参数后面。

4.4.3　默认参数

在 TypeScript 中，如果函数的某个参数是可选的，但是却没有传值或者传入的是 undefined，那么可以为其指定一个缺省的默认值。

```
    function buildName(firstName:string,lastName = 
"Smith"){
        return firstName + "" + lastName;
}
```

这种写法与可选参数相比，去除了问号，增加了赋值语句，然而参数 lastName 依然是一个可选参数，只是多了一个缺省值而已。另外，参数 lastName 的类型限定符也可以省略，这依然得益于 TypeScript 的类型推断机制。

除此之外，带有默认值的可选参数也可以放置在必选参数之前，如果不想给这个参数赋值，那么在函数调用时必须显式地传入 undefined。

4.4.4　剩余参数

JavaScript 允许在函数调用时传入过量的参数，可以通过 arguments 关键字逐一访问参数，TypeScript 也存在类似的机制，其语法如下：

```
    function buildName(firstName:string,...restOfName:
string[]){
```

```
    return firstName + " " + restOfName.join(" ");
  }

  let employeeName = buildName("Joseph","Samuel",
"Lucas","MacKinzie");
```

该函数只定义了一个参数 firstName，剩余的参数会被放置在 restOfName 数组中，其使用方法与传统的数组无异，可以直接通过下标进行取值。

4.4.5　箭头函数

箭头函数是 ECMAScript6 中引入的新语法，其在 C#以及 Java 中被称作 Lambda 表达式，直观上减少了书写函数时的代码量。在 JavaScript 中，传统的语法如下：

```
function fun(){
    return function(arg){
        ...
    }
}
```

在 TypeScript 中，可以简化为以下形式：

```
function fun(){
    return (arg) => {
            ...
    }
}
```

箭头函数的真正强大之处并不在于简化了语法，而是解决了 JavaScript 中 this 指向性的历史遗留问题。箭头函数能够保存函数创建时的 this 值，而不是调用时的 this 值。这部分的内容超出了基础语法的范围，读者可以参考 TypeScript 的官方文档自行学习。

4.5　类

4.5.1　面向对象

TypeScript 与 JavaScript 的第二个不同点就是面向对象，TypeScript 支持 class 关键字，其语法规则非常接近 Java 或 C#，因此读者通常十分容易理解。以下是 TypeScript 中使用类的例子：

```
class Greeter{
    greeting:string;
    constructor(message:string){
        this.greeting =message;
    }
    greet(){
        return"Hello," +this.greeting;
    }
}

let greeter =new Greeter("world");
```

这个类 Greeter 中包含了一个成员变量 greeting，一个含参的构造函数，以及一个无参成员函数 greet( )。类的实例化过程同样是通过 new 关键字来实现的，这会调用类的构造函数，与大多数面向对象语言没有任何区别。

4.5.2　继承

不同于 JavaScript 基于原型链而间接实现继承，TypeScript 支持以 extends 关键字直接实现继承，这大大简化了继承的实现方式，同时使代码更容易被理解。以下是 TypeScript 实现继承的例子：

```
class Animal{
    name:string;
```

```
        constructor(theName:string){ this.name =
theName;}
        move(distanceInMeters:number =0){
            console.log(`${this.name} moved
${distanceInMeters}m.`);
        }
    }
    class Snake extends Animal{
        constructor(name:string){ super(name);}
        move(distanceInMeters =5){
            console.log("Slithering...");
            super.move(distanceInMeters);
        }
    }
```

子类 Snake 继承了父类 Animal，子类的构造函数中通过 super 关键字调用了父类的构造函数，子类的成员函数 move( )中同样通过 super 关键字对父类中的对应函数进行了调用。

4.5.3 存取器

存取器完善了对成员变量的赋值和取值操作，虽然可以直接通过 object. member 这样的方式进行赋值和取值，但是却没有办法进行任何限制，而存取器可以很好地解决这个问题。

```
    class Employee{
        private _fullName:string;

        get fullName():string{
            return this._fullName;
        }

        set fullName(newName:string){
```

```
            if (…){
                this._fullName = newName;
            }
        }
    }

    let employee = new Employee();
    employee.fullName = "Bob Smith";
```

_fullName 是一个私有的成员变量，set 和 get 是相应的存取器，分别通过一个函数来限制具体的赋值和取值操作。这两个函数名需要保持一致，在本例中都是 fullName，充当成员变量的地位，但这与真正的成员变量_fullName 并不一样。

在这个例子中，赋值前会进行相应的条件判断，只有在条件满足时才能赋值成功，否则将拒绝赋值以保护成员变量不被篡改。

4.5.4 其他特性

除此之外，TypeScript 中还存在很多与类相关的其他特性，但这与众多面向对象语言并没有多大区别，因此只作一些简单的介绍。

（1）TypeScript 支持 public、private 和 protected 关键字，用来限定变量和函数的访问权限，在缺省情况下默认为 public。

（2）TypeScript 支持 static 关键字，用来实现静态变量与静态函数。

（3）TypeScript 支持 abstract 关键字，用来实现抽象类与抽象函数。

（4）TypeScript 支持对函数进行重载（overload）与重写（override）。

4.6 接口

4.6.1 类型限定

TypeScript 中的接口与大多数面向对象语言中的接口相似，均通过 interface 关键字进行设定。在 TypeScript 中，接口的首要作用是对类型进行限定，举例如下：

```
interface LabelledValue{
  label:string;
}

function printLabel(labelledObj:LabelledValue){
  console.log(labelledObj.label);
}

let myObj = {size:10,label:"Size 10 Object"};
printLabel(myObj);
```

函数 printLabel( )需要传入一个 LabelledValue 类型的参数，与其他面向对象语言不同的是，这个参数并不需要真正实现所谓的接口，只要其成员变量中包含 label 这个属性即可，即对象 myObj 是符合要求的。

这个例子很好地诠释了 TypeScript 中接口的概念，接口就是一个最低限定条件，满足了这个条件就可以通过 TypeScript 的类型检查。由于强类型是 TypeScript 中十分重要的概念，所以接口的高级用法十分复杂，读者可以参考 TypeScript 的官方文档进行更深入的学习。

4.6.2 实现

当然，也可以像大多数面向对象语言那样，通过implements 关键字用一个类去实现一个接口，读者应该对这种用法更加熟悉。

```
interface ClockInterface{
    currentTime:Date;
    setTime(d:Date);
}
class Clock implements ClockInterface{
    currentTime:Date;
    setTime(d:Date){
        this.currentTime =d;
    }
```

```
    constructor(h:number,m:number){}
}
```

此时的接口相当于一个完全抽象的类，本身不能被实例化，实现接口的类需要实现全部未实现的函数，从而体现出面向对象的多态特性。

4.6.3　多继承

TypeScript 支持接口之间通过 extends 关键字实现继承，并且一个子接口可以同时继承多个父接口，举例如下：

```
interface Shape{
    color:string;
}

interface PenStroke{
    penWidth:number;
}

interface Square extends Shape,PenStroke{
    sideLength:number;
}
```

接口 Square 通过继承接口 Shape 与接口 PenStroke，同时具备了两者的成员变量，从而创建出多个接口的合成接口。

4.7　模块

4.7.1　基本概念

简单来说，一个“. ts”文件就相当于一个 TypeScript 模块，可以类比 Java 中的“. java”文件或者 C#中的“. cs”文件。

模块在其自身的作用域里执行，而不是在全局作用域里执行，这意味着定义在一个模块里的变量、函数、类在模块外部是不可见的，除非将它们导出。相反，如果想使用其他模块导出的变量、函数、类，那么也必须先将它们导入。

TypeScript 的这一特性与传统的 JavaScript 有很大的区别，这种模块化思想带来了很多好处，使代码结构清晰、维护方便，同时避免了对全局作用域的污染。

4.7.2 导出

导出需要使用 export 关键字。

```
    export const numberRegexp = /^[0 -9] + $/;

    export class ZipCodeValidator implements StringValidator
{
        ...
    }
```

在任何一个模块中，只有被 export 关键字标记的变量、函数、类才能被其他模块访问到。在 TypeScript 中，public 关键字只能修饰变量和函数，而不能修饰类，因此只能使用 export 关键字来修饰类以实现相同的功能。

有时需要对导出的部分进行重命名，故需要改写成如下写法：

```
    class ZipCodeValidator implements String-Validator{
        ...
    }
    export{ ZipCodeValidator };
    export{ ZipCodeValidator as mainValidator };
```

在这个例子中，先将 ZipCodeValidator 导出，之后将其重命名为 mainValidator。重命名是为了简化名称，有时也可以避免命名冲突。

4.7.3 导入

导入需要使用 import 关键字。

```
import{ ZipCodeValidator } from"./ZipCode-Validator";

let myValidator =new ZipCodeValidator();
```

假设上个导出例子的文件名是“ZipCodeValidator.ts”，这个例子是同一路径下的另一个文件，通过 import 关键字导入上个例子中通过 export 关键字导出的类 ZipCodeValidator，导入之后就可以直接使用了。

导入时也可以进行重命名操作，其语法如下：

```
import{ ZipCodeValidator as ZCV } from"./ZipCode-Validator";

let myValidator =new ZCV();
```

除此之外，还可以将整个模块导入一个变量中，并通过它来访问模块的导出部分，当导出内容非常多时推荐使用以下写法：

```
import * as validator from"./ZipCodeVali-dator";

let myValidator =new validator.ZipCodeValidator();
```

如果一个模块只有一个导出部分（只出现一个 export 关键字），那么可以使用 default 关键字将其标记为默认导出，如下所示：

```
export default class ZipCodeValidator{
    ...
}
```

默认导出是为了方便导入，因为标记为默认导出的类和函数的名字是可以省略的，可以随意指定一个代号直接使用，如下所示：

```
import validator from"./ZipCodeValidator";

let myValidator =new validator();
```

4.8 其他

4.8.1 模板字符串

在 JavaScript 中进行字符串拼接时，只能使用以下这种传统的语法：

```
var name = "Gene";
var age =37;
var sentence = "Hello,my name is" +name + ".\n\n" +
    "I'll be" +(age +1) + " years old next month.";
```

这种语法十分烦琐，一方面在字符串常量与变量拼接时需要出现多组引号和加号，另一方面在处理换行时显得很不直观。为了解决这个问题，TypeScript 中提供了一种崭新的语法，具体如下：

```
let name:string = `Gene`;
let age:number =37;
let sentence:string =`Hello,my name is ${ name }.

I'll be ${ age +1 } years old next month.`;
```

这被称为模板字符串，可以定义多行文本和内嵌表达式。这种字符串被反引号（`）包围，并且以“${expr}”这种形式嵌入表达式，看起来更加直观。

4.8.2　迭代器

Array、Map 和 Set 类型都支持迭代器，可以很方便地对内部元素进行遍历。

```
let list =[4,5,6];

for (let i in list){
   console.log(i);//"0","1","2",
}

for (let i of list){
   console.log(i);//"4","5","6"
}
```

for…in 与 for…of 两种语法存在一定的区别，如果类比键值对，那么 for…in 是对键（key）进行遍历，for…of 是对值（value）进行遍历，在大多数情况下是对数组进行遍历，因此 for…of 的使用频率更高一些，因为人们更关注数组中的成员值。

4.8.3　装饰器

TypeScript 中的装饰器与 C#中的装饰器十分类似，也可以类比 Java 中的注解。装饰器在 TypeScript 中是一项实验特性，之所以介绍它是因为 Angular4 中使用到大量装饰器。

装饰器是一种特殊类型的声明，使用@expression 这种形式附着在类、函数之上，本身也支持传入参数，如下所示：

```
@enumerable(false)
greet(){
    return"Hello," +this.greeting;
}
```

在上面这个例子中，@enumerable 是一个装饰器，并且需要接收一个

boolean 类型的参数。被装饰的是 greet( )函数，在没有添加装饰器之前，greet( )函数只是一个普通的函数，添加了装饰器之后，greet( )函数便具备了某种特性。

这个例子只是用来说明问题的，不代表 TypeScript 中真的存在一个叫 @ enumerable 的装饰器，因为任何装饰器都需要事先定义。Angular4 中定义了很多种装饰器，本书将在下一章进行详细的介绍。

读者无须了解装饰器的实现原理，只需知道这种语法形式，并在实际的编码中会使用即可。

第5章 Angular4 核心思想简介

5.1 声明与建议

本章中的部分内容参考了 Angular4 官方文档，总结了 Angular4 的核心思想，以方便读者快速入门。这一章介绍的 Angular4 是后续学习 Ionic3 的基础，同时又需要 TypeScript 的语法知识，因此内容上可能会相对晦涩。建议读者先泛读一遍，在后续接触了 Ionic3 之后再回过头来精读一遍。

这一章并没有讲解 Angular4 的路由机制以及组件生命周期，虽然这些都是 Angular4 中非常重要的概念，但是在 Ionic3 中均被重新设计，因此相关知识点暂时不会在这一章中出现。

```
Angular4 官方文档:https://www.angular.cn/docs/
```

Angular4 官方文档的授权协议是 CC BY 4.0。

5.2 配置独立环境

这一节的内容不是必须的，读者可以选择跳过。

在 3.1 节新建 Ionic3 工程项目的过程中，实际上就已经自动完成了 Angular4 的环境配置，但是这必须在 Ionic3 的工程中进行编码，不太适合初学者单独上手研究 Angular4。其实即便不使用 Ionic3，也可以单独使用 Angular4 进行 Web 开发，只需要配置 Angular4 的独立环境即可。

在安装好 Node. js 的基础上，打开命令行，输入以下命令：

```
npm install -g @angular/cli
```

此命令用来下载并安装 Angular CLI，它是 Angular 用来管理项目工程的必要模块。待其操作完毕后，继续在命令行中输入“ng”，出现图 5-1 所示的界面即代表安装成功。

命令提示符

```
C:\Users\Juncture>ng
ng build <options...>
  Builds your app and places it into the output path (dist/
by default).
```

图 5-1　“ng”命令的执行结果

在安装好 Angular CLI 的基础上，打开命令行，切换到希望项目所在的目录下，输入以下命令：

```
ng new my-app
```

此命令用来下载并新建一个 Angular4 的工程项目，项目名称为“my-app”，项目生成的位置即当前目录。

在 3.2 节中介绍过 Ionic3 的浏览器调试，Angular4 的浏览器调试与其十分相似。首先需要切换到“my-app”文件夹下，之后输入以下命令：

```
ng serve --open
```

命令执行成功后将调用系统的默认浏览器，同样支持对代码修改的动态部署。当对任何一行代码进行修改后，只需按下“Save”键，浏览器便会自动刷新，实时显示修改后的效果。

5.3　整体架构

5.3.1　全新理念

纵观 Web 开发的历史，Web 前端一直与真正的面向对象无缘，因为现在依旧是 JavaScript 称霸天下的时代，JQuery 以及 Bootstrap 框架依然十分流行。TypeScript 的出现最终促成了 Angular2 框架的诞生，发展至今已经步入 Angular4 的时代，为 Web 前端开发提供了一种全新的理念。

Angular4 的开发模式与原生 App 的开发模式十分相似。原生 App 开发需要使用两种类型的开发语言，一种是类似 XML 的标记语言，用来实现 UI 界面，另一种是面向对象的语言，用来实现业务逻辑，对应到 Angular4 中就是 HTML 和 TypeScript。面向对象可以带来诸多便利，尤其是面对大型的工程项目开发，TypeScript 比 JavaScript 体现出更多的优越性。

Angular4 引入了单页面应用的概念。所谓单页面，是指只有一个主页面的应用，页面的跳转由路由程序动态载入，不再像传统网站那样完全跳转到一个新的页面。单页面应用在浏览器端完成了全部渲染工作，服务器端的作用只是提供接口，这在某种程度上与原生 App 又有了几分相似。

Angular4 采用模块化与组件化的开发思想，借助 TypeScript 这一面向对象的开发语言，很容易实现封装与复用。在 Angular4 的视角中，整个 Web 页面就是一个大拼图，开发的过程就是制作一块又一块拼图块的过程，很多拼图块非常相似，可以多次复用，利用不同的拼图块进行不同的组合即可构成不同的 Web 页面。

5.3.2　“八大金刚”

Angular4 中存在“八大金刚”，即八个重要的组成部分，分别是：模块（Module）、组件（Component）、模板（Template）、元数据（Metadata）、数据绑定（Data Binding）、指令（Directive）、服务（Service）和依赖注入（Dependency Injection），其整体架构如图 5－2 所示。

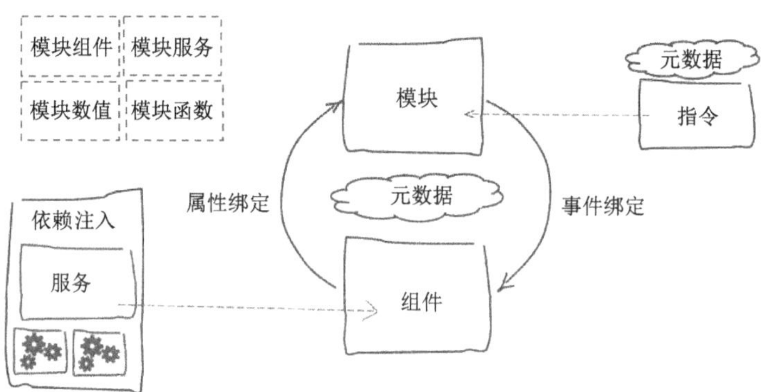

图 5－2　Angular4 的整体架构①

本节非常简短地介绍这八个部分的概念，读者只需先有整体的印象，本书会在后面的章节中逐一详细介绍。

（1）模块：相关功能特性的打包整合，相当于 Java 中的 jar 包或者 .Net 平台的 dll 文件，可以很方便地进行引用。

（2）组件：相当于自定义控件，其表现形式为 HTML 中的自定义标签，封装了相应的 UI 界面与业务逻辑。

（3）模板：组件 UI 界面的图纸，也就是相应的 HTML 文件。

（4）元数据：包含处理一个类的相关信息，通过 TypeScript 中的装饰器进行定义。

（5）数据绑定：一种将组件与模板联系在一起的机制，包含单向属性绑定、单向事件绑定和双向数据绑定。

（6）指令：比组件更加抽象的概念，其表现形式为 HTML 标签中的属性，分为属性型指令与结构型指令。

（7）服务：可被依赖注入的工具类，专注于业务领域的某个特定功能，具有高内聚性。

（8）依赖注入：类实例化的一种特殊方式，不需要 new 关键字，可以降低代码之间的耦合度。

---

① 图片引用自 Angular 官方文档（https://www.angular.cn/guide/architecture），授权协议为 CC BY 4.0。

5.4 模块（Module）

5.4.1 根模块

Angular4 是由模块组成的，每个 Angular4 应用至少包含一个根模块，通过引导根模块即可完成应用的启动工作。根模块在小型应用中可能是唯一的模块，在大型应用中往往还包含很多特性模块。

任何模块都是一个带有@NgModule 装饰器的类，它接收一个用来描述模块属性的元数据对象。根模块一般被命名为 AppModule，一个简单的根模块如下所示：

```
import{ NgModule }from'@angular/core';
import{ BrowserModule } from'@angular/platform-browser';
import{ AppComponent }from'./app.component';

@NgModule({
  imports:[ BrowserModule ],
  providers:[ Logger ],
  declarations:[ AppComponent ],
  exports:[ AppComponent ],
  bootstrap:[ AppComponent ]
})
export class AppModule{ }
```

元数据中包含以下属性：

（1）imports：声明本模块中需要导入的其他模块。

（2）providers：声明本模块中需要使用的服务。

（3）declaration：声明本模块中需要使用的组件和指令。

（4）exports：声明本模块中需要导出的内容。

（5）bootstrap：指定根组件，即应用的外壳，只有根模块才具有这个属性。

模块是一个封闭而独立的功能包，整合了与之相关的组件与服务，内部负责相关功能的实现，对外是完全透明的，可以被直接引用，因此可以将 Angular4 的模块类比为 Java 中的 jar 包或者 . Net 平台的 dll 文件。

5.4.2 对比 TypeScript 模块

在 TypeScript 中同样存在模块的概念，这可能会让读者将 Angular4 和 TypeScript 混淆，因为二者存在很多共同点，都起到了封装的作用，并且都需要进行导入、导出操作。

TypeScript 中的模块是以“. ts”文件为单位的，任何一个文件中只要包含了 export 关键字，都可以认为是一个模块。这种模块划分方式可以理解为物理文件层面的划分，因此导入的是文件本身，如下所示：

```
    import{ NgModule }        from '@angular/core';
    import{ BrowserModule }from '@angular/plat - form -
browser';
    import{ AppComponent }    from './app.component';
```

Angular4 中的模块是带有@ NgModule 装饰器的类，虽然这个类本身也是一个“. ts”文件，但不是所有“. ts”文件都是模块。这种模块划分方式可以理解为逻辑代码层面的划分，因此导入的是具体的类，如下所示：

```
    @NgModule({
      imports: [ BrowserModule ]
    })
    export class AppModule{ }
```

综上所述，Angular4 的模块是建立在 TypeScript 的模块的基础之上的，所以会出现两次导入操作。理解了这个概念之后，相信读者就不会再产生困惑了。

5.4.3 常用模块

模块是相关功能特性的打包整合，因此针对常用功能，Angular4 已经为用户提供了一些常用模块，举例如下：

（1）BrowserModule：浏览器模块，任何需要在浏览器中运行的 Angular4 应用都需要导入这个模块，因此这是一个必选模块。

（2）RouterModule：路由模块，由于 Angular4 是单页面应用，故页面跳转的实现需要依赖这个模块，但 Ionic3 重写了路由机制，因此读者可以选择跳过对 Angular4 原生路由机制的学习。

（3）FormsModule：表单模块，负责处理一些表单相关的内容，大多数时候都需要导入这个模块。

（4）HttpModule：网络通信模块，封装了网络请求的底层功能，这也几乎是一个必选模块，本书会在后续章节中详细介绍这部分的内容。

除此之外，很多第三方库也封装成了 Angular4 的模块，Ionic3 就是一组特性模块，在 Angular4 的基础上作了扩展，因此可以说 Ionic3 是 Angular4 在移动端的延伸，可以类比 JQuery Mobile 和 JQuery 的关系。

5.5 组件（Component）

5.5.1 封装复用

组件是 Angular4 中数量最多的一个组成部分，可以说在 Angular4 的世界中万物都是组件。其实笔者认为，传统的 Web 前端开发也具备了组件化思想的雏形，每个 HTML 标签都可以理解成一个组件，标签的种类数目是有限的，但是通过复用，以不同的方式进行组合，却可以形成丰富多彩的 Web 页面。

Angular4 组件的表现形式是 HTML 中的自定义标签，相当于一个自定义控件，背后封装了相应的 UI 界面以及业务逻辑，是比普通 HTML 标签更高层次的复用与组合。定义一个组件需要实现两部分的内容，UI 界面封装在 HTML 文件中，业务逻辑封装在 TypeScript 文件中，示例如下所示：

```
import{ Component } from '@angular/core';

@Component({
  selector:'my-app',
  template:`
```

```
        <h1>{{title}}</h1>
        <h2>My favorite hero is:{{myHero}}</h2>
        `
})
export class AppComponent{
  title='Tour of Heroes';
  myHero='Windstorm';
}
```

组件是一个带有@ Component 装饰器的类，其元数据中的 selector 属性指定了自定义标签名，template 属性指定了组件中 UI 界面的部分，也就是 Angular4 中的模板，这里使用了 TypeScript 的模板字符串，通过反引号容纳了多行内容。组件中业务逻辑的部分封装在了具体的类中，在这个例子中定义了变量 title 与变量 myHero，这两个变量的值通过插值表达式显示在模板中。

当组件的模板变得庞大时，应当考虑将其分离出来，放置在一个单独的 HTML 文件中，将这个文件放置在相同的目录下并将其命名为 “app. html”，之后通过 templateUrl 属性对其进行引用，语法如下：

```
@Component({
  selector:'my-app',
  templateUrl:'app.html'
})
```

组件定义完了，那么如何使用呢？首先需要在根模块中进行声明，将其加入 declarations 数组中，之后便可直接在 HTML 中加入以下代码：

```
<body>
   <my-app></my-app>
</body>
```

Angular4 会通过 <my-app> 标签查询到 AppComponent 组件，并将其渲染为普通 HTML 内容并最终显示出来。

5.5.2　局部样式

由于组件具有封闭性，组件中定义的所有内容都只在当前组件中生效，也包括组件的局部 CSS 样式，因此可以很好地防止全局 CSS 污染。

```
@Component({
  selector:'my-app',
  template:`
    <h1 class='demo'>{{title}}</h1>
    <h2>My favorite hero is:{{myHero}}</h2>
    `
      ,
  styles:[`
    .demo{
      color:red;
    }
  `]
})
```

通过在元数据中添加 styles 属性，即可嵌入局部 CSS 样式。需要注意的是，styles 属性接收的是一个数组，因此不要忘记中括号。

当 CSS 代码较多时，也应当分离出来，放置在一个单独的 CSS 文件中，将这个文件放置在相同的目录下并将其命名为“app.css”，之后通过 styleUrls 属性对其进行引用，语法如下：

```
@Component({
  selector:'my-app',
  templateUrl:'app.html',
  styleUrls:['app.css']
})
```

除此之外，Ionic3 中还提供了特殊的引用方式，详见 10.7 节中的内容。

5.5.3 输入/输出

组件的复用性体现在对输入/输出的支持，就好比函数可以接收不同的输入参数并生成不同的返回值一样。组件的输入量体现为 HTML 标签的属性，输出量体现为触发的事件。

```
    import{ Component,EventEmitter,Input,Output } from
'@angular/core';

    @Component({
      selector:'my-component',
      template:`
        <h1>{{title}}</h1>
        <button (click)="onClick()">btn</button>
        `
    })
    export class AppComponent{
      @Input() title:string;
      @Output() myClick = new EventEmitter();

      private onClick(){
        this.myClick.emit();
      }
    }
```

输入量通过@ Input 装饰器（即变量 title）进行修饰，输出量通过@ Output 装饰器（即 myClick）进行修饰，这是一个事件发生器。变量 title 的值由外部提供，组件内只负责显示相应的内容，这便是组件的输入属性。单击组件中的按钮，将触发 onClick( )函数，函数内部又触发了 myClick 事件并发送到外部，这便是组件的输出事件。

在外部引用这个组件时，需要在 HTML 中加入以下代码：

```
<my-component [title]="…" (myClick)="…"></my-component>
```

这里涉及数据绑定(Data Binding)的知识,有关知识将在后续小节进行介绍,此处读者只需理解 title 是输入属性,myClick 是输出事件即可。在不同的地方引用这个组件,title 属性可以传入不同的值,myClick 事件也可以调用不同的函数,这便是组件复用性的体现。

5.5.4 函数调用

很多时候,单纯的输入属性与输出事件无法满足实际需求,人们希望与组件的交互可以更加灵活。在 Angular4 中,可以将组件视为一个对象,一旦获取了对组件对象的引用,就可以灵活调用组件中的公共函数。假设有这样一个图片选择组件,其内部封装了全部业务逻辑,最终只需要调用组件提供的一个函数来获取选择的多张图片。图片选择组件的相关代码如下:

```
import { Component } from '@angular/core';

@Component({
  selector:'image-picker',
  templateUrl:'……'
})
export class ImagePicker{
  private images = [];
  …
  public getImages(){
    return this.images;
  }
}
```

假设在另一个组件中通过 import 关键字导入了这个图片选择组件,并将其加入 HTML 模板中, 则还需要通过@ ViewChild 装饰器获取对图片选择组件的引用, 示例代码如下:

```
import{ Component,ViewChild } from '@angular/core';
import{ ImagePicker } from '…';

@Component({
  selector:'…',
  template:`
    …
    <image-picker></image-picker>
    `
})
export class AnotherComponent{
  @ViewChild(ImagePicker)
  private picker:ImagePicker;
  …
}
```

对图片选择组件的引用被保存在 picker 对象中，这样就可以灵活地调用其上的 getImages( )函数了。

有关@ ViewChild 装饰器的更多用法，读者可以参考 Angular4 的官方文档自行学习。

5.5.5 层次结构

根据层次结构，笔者认为可以将 Angular4 组件分为两大类：页面组件与可复用组件。页面组件彼此之间是并列关系，可复用组件是页面组件的子组件，可复用组件之间存在嵌套关系。除此之外，Angular4 中还存在一个根组件（在根模块中指定），因此组件最终的层次结构如图 5 - 3 所示。

根组件是整个应用的外壳，对其他所有组件起到了容器的作用，一般用来处理应用启动时的一些逻辑。

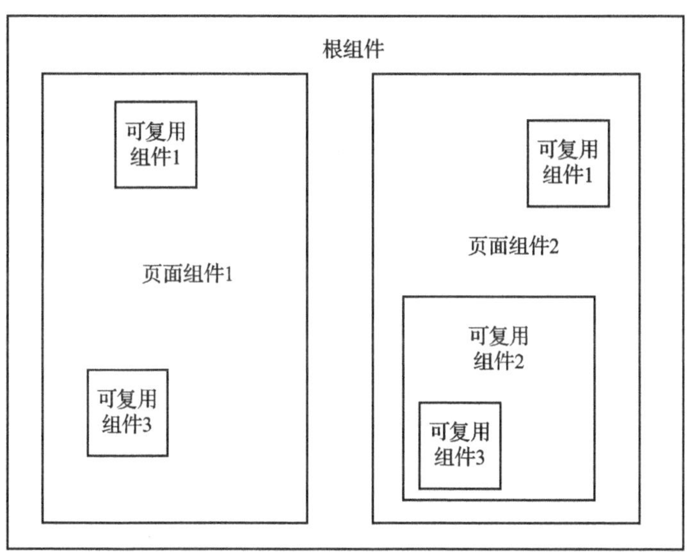

图 5-3　组件最终的层次结构

页面组件是一个 Web 页面，由于 Angular4 是单页面应用，故需要通过路由机制在不同的页面组件之间进行切换，以此实现页面的跳转。页面组件不具备复用能力，也无须进行复用。

可复用组件是一个自定义控件，是对不同页面中重复出现的部分进行封装，以减少重复代码。可复用组件就是为复用而生的，可以做到一次编写，处处使用，这也是 Angular4 组件化思想的核心。

5.6　模板（Template）

5.6.1　模板语法

模板是组件 UI 界面的图纸，也就是相应的 HTML 文件。虽然看起来很像标准的 HTML，但模板中还存在很多特殊的语法，这些语法是 Angular4 中特有的模板语法，大大提升了 HTML 的表现力。

本小节会介绍几种常见的模板语法，除此之外，数据绑定与指令中的内容也是模板语法的一部分，将单独分成两小节进行详细介绍。

5.6.2 插值表达式

Web 开发中存在静态网页与动态网页的概念，虽然 Angular4 是前端开发框架，但是不妨将插值表达式的作用理解为动态网页，即插值表达式中的内容是在页面运行时才动态生成的。

```
<h3 >
  {{title}}
  < img src = "{{heroImageUrl}}" style = "height:
30px" >
< /h3 >
```

以上代码中用两层大括号包裹的部分就是插值表达式，插值表达式内部是变量，这些变量使页面具备了动态网页的特性。这些变量对应的就是组件 TypeScript 类中的成员变量，这与 Web 后端开发有很相似。

除此之外，插值表达式中还支持基本的运算操作以及对象函数的调用，如下所示：

```
<p >My current hero is{{currentHero.name}} </p >
<p >The sum of 1 +1 is not{{1 +1 +getVal()}} </p >
```

这种语法使插值表达式变得更加灵活，表达式中出现的对象以及函数依然与组件 TypeScript 类中的内容相对应。

插值表达式的最大威力并不在于动态赋值，而在于当 TypeScript 类中变量的值发生改变时，模板中显示的内容会同步改变。无须关注这种变动检测的细节，因为这全部都由 Angular4 框架帮助实现了。

5.6.3 模板引用变量

模板引用变量使用“井”号（#）来引用模板中的某个 DOM 元素，这样就可以在模板中的其他地方使用了。

```
< input #phone placeholder = "phone number" >
```

```
    <button (click) = "callPhone(phone.value)" >Call
</button>
```

上述例子中通过变量#phone 对 <input> 标签进行了引用，从而在单击按钮时可以传递文本框的输入值。虽然也可以通过 TypeScript 代码实现相应的功能，但是模板引用变量无疑更加简单易用。

5.6.4 管道

管道是 Angular4 中很重要的概念，笔者认为它完全可以与 Angular4 的八个组成部分相提并论，官方之所以没有刻意强调它的地位，可能是因为管道在 Angular4 的实际开发过程中并不是必需的。

管道可以实现对数据的转换，并且这种转换在模板中就可以完成。管道需要使用到管道操作符（|），它接收一个输入值并将转换后的结果进行输出。

```
    <div>Title through uppercase pipe:{{title | upper-
case}}</div>

    <div>Birthdate:{{birthdate | date:'longDate'}}
</div>
```

uppercase 管道可以将字符串转换成大写形式，date:'longDate' 管道可以将日期转换为 “February 22，1995” 这样的形式，这些都是 Angular4 内置的管道。Angular4 还支持以下几种管道：

（1）date：转换为日期格式。

（2）uppercase：转换为大写形式。

（3）lowercase：转换为小写形式。

（4）currency：转换为货币格式。

（5）percent：转换为百分比形式。

除此之外，Angular4 还支持自定义管道，管道还存在参数调用以及链式调用等高级语法，读者可以参考 Angular4 的官方文档自行学习。

5.6.5 安全导航操作符

空引用在 Angular4 中很容易发生，一旦发生就会使页面处于假死状态，这显然会给用户造成很大的困惑，也是人们不愿意看到的。

```
The current hero's name is{{currentHero.name}}
```

这行代码本身存在很大风险，一旦 currentHero 对象是空值，即返回 null 或者 undefined，那么整个页面就会因为代码出错而停止运行。为了预防这个问题，Angular4 提供了安全导航操作符（?.），用来阻断对空引用的后续访问，因此这行代码可以改写如下：

```
The current hero's name is{{currentHero?.name}}
```

虽然只是多了一个问号，但是却预防了一个大问题，此时如果 currentHero 为空值，那么只有这块内容会被留白，页面还将继续渲染下去。

5.7 数据绑定（Data Binding）

5.7.1 基本概念

数据绑定是一种将组件与模板联系在一起的机制，具体是指将 TypeScript 类中的变量和函数与 HTML 中的 DOM 元素联系在一起，也可以将数据绑定理解为 UI 界面与业务逻辑之间的沟通桥梁。

数据绑定总共有四种语法类型、三种绑定方向，如图 5 -4 所示。

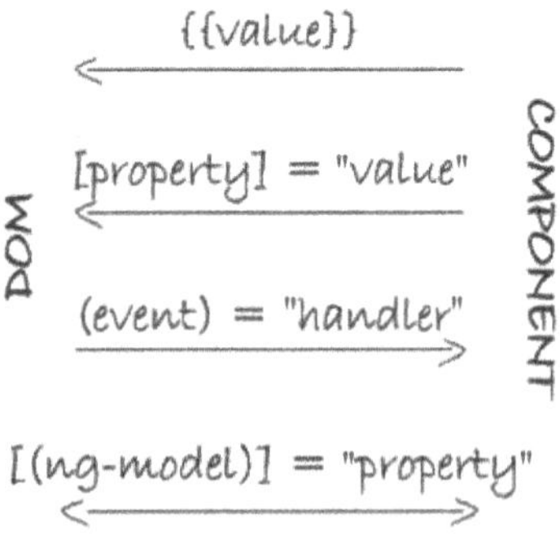

图 5 -4 数据绑定①

数据绑定有助于减少很多赋值、取值的代码量，因为这些烦琐的细节均由 Angular4

① 图片引用自 Angular 官方文档（https://www.angular.cn/guide/architecture），授权协议为 CC BY 4.0。

框架自动完成，从而也降低了代码出错的概率。

5.7.2　属性绑定

属性绑定是一种单向绑定，用来将组件 TypeScript 类中的数据源推送到模板 DOM 元素上，实现修改 TypeScript 类中的值即可改变界面上的显示内容。

之前介绍过插值表达式，实际上插值表达式就是属性绑定的一种特殊语法形式，不妨先回忆一下插值表达式的写法：

```
<img src = "{{heroImageUrl}}" >
<span >{{getTitle()}} </span >
```

也可以使用属性绑定的形式来实现同样的功能，具体的做法是将需要绑定的属性用中括号包裹起来，如下所示：

```
<img [src] = "heroImageUrl" >
<span [innerHTML] = "getTitle()" > </span >
```

属性绑定是对 HTML 标签的属性进行动态赋值，与插值表达式在大多数情况下是殊途同归的，只有当绑定的数据类型不是字符串时，才必须选择属性绑定进行实现，比如以下这种情况：

```
<hero-detail [hero] = "currentHero" > </hero-detail >
```

这是一个组件，其 hero 属性需要接收一个对象作为输入属性，在这种情况下只能使用属性绑定，实际上这也是父组件向子组件传值的常见形式。

5.7.3　CSS 类绑定

CSS 类绑定是一种特殊的属性绑定，绑定的属性是一个具体的 CSS 类，绑定的内容是一个布尔值，用来控制相应的 CSS 类是否生效。

```
    <div [class.special] = "isSpecial" > class binding
</div>
```

这种绑定语法需要固定的 class 前缀以及具体的 CSS 类名，当变量 isSpecial 为真时，CSS 类 special 将会生效，否则将不会产生任何特殊效果。

5.7.4 CSS 样式绑定

CSS 样式绑定是另一种特殊的属性绑定，绑定的属性是一个具体的 CSS 样式，绑定的内容是一个字符串，字符串中是一个条件判断语句，在不同的情况下会赋予不同的样式值。

```
    <button [style.color] = "isSpecial ?'red':'green'" >
ok </button>
```

这种绑定语法需要固定的 style 前缀以及具体的 CSS 样式名，当变量 isSpecial 为真时，color 会被设置为 red，否则会被设置为 green。

CSS 样式绑定中有时会出现具体的单位，此时 Angular4 提供了一种很方便的写法，具体如下：

```
    <button [style.font - size.em] = "isSpecial ? 3:1" >
Big </button>
    <button [style.font - size.% ] = "! isSpecial ? 150:
50" >Small </button>
```

将单位写在具体 CSS 样式名的后面，这样绑定的内容就可以是纯数字了，在 TypeScript 类中处理起来也将更加方便，因为绑定的内容可以是写在模板中的常量，也可以是 TypeScript 中的某个变量，在运行时才会确定结果。

5.7.5 事件绑定

事件绑定是一种单向绑定，用来将模板 DOM 元素中触发的事件推送到组件 TypeScript 类中，实现事件触发时自动调用 TypeScript 类中的相应函数。

在传统 HTML 中已经具备了这样的机制，Angular4 中只是语法有些不同，将需要绑定的事件用圆括号包裹起来，如下所示：

```
<button (click) = "onSave()" > Save < /button >
```

在 JavaScript 中，事件会通过 event 对象进行传递，TypeScript 中也同样如此，若要获取这个对象，则只需加入 $event 参数即可。

```
<button (click) = "onSave( $event)" > Save < /button >
```

event 对象的具体内容取决于触发的具体事件，如果是原生 JavaScript 事件，那么 event 对象就会携带相关的事件内容，如果是 Angular4 组件的自定义事件，那么 event 对象的内容由组件中的业务逻辑决定。

5.7.6　双向数据绑定

双向数据绑定是单向属性绑定与单向事件绑定的集合，将组件 TypeScript 类与模板 DOM 元素完全联动起来，即业务逻辑与 UI 界面的双向绑定。

双向数据绑定的语法也是两种单向绑定的集合，即中括号与圆括号共同包裹的部分。双向数据绑定一般出现在表单的 <input>标签中，Angular4 提供了 ngModel 指令，封装了相关的处理逻辑。

```
<input [(ngModel)] = "currentHero.name" >
```

[(ngModel)] 是一种约定好的语法规则，这种语法将 <input>标签与 currentHero 对象的 name 属性绑定在一起。当用户进行输入操作时，Angular4 会帮助处理触发的文本变动事件，将值写入 name 属性，这便是单向事件绑定。相反，如果在 TypeScript 类中修改 name 属性，那么 <input>标签中的文字内容也会同步发生变化，这便是单向属性绑定。

如果没有双向数据绑定，那么编码过程将变得烦琐，但是有助于更加深入地理解这两种单向绑定的实质，如下所示：

```
    <input [value] = "currentHero.name"
           (input) = "currentHero.name = $event.target.
value">
```

对比这两种写法，不难看出 [(ngModel)] 的优越性。然而，[(ngModel)] 只适用于 <input> 标签，如果要实现自定义的双向数据绑定，读者可以参考 Angular4 的官方文档进行更加深入的学习。

5.8 指令（Directive）

5.8.1 指令分类

指令是一个相对抽象的概念，本书已经介绍过组件的相关知识，所以可以将组件理解成一种特殊的指令，即组件是一个带模板的指令。除此之外，还存在两种类型的指令：属性型指令与结构型指令。

属性型指令用来修改一个 DOM 元素的外观或行为，比如 ngClass、ngStyle，以及之前已经出现的 ngModel。结构型指令通过添加或移除 DOM 元素来修改布局，比如 ngIf、ngFor 和 ngSwitch。

Angular4 同样支持自定义指令，但这超出了本书的内容范围，读者可以参考 Angular4 的官方文档自行学习。

5.8.2 ngClass

前面介绍过 CSS 类绑定，其可以添加或删除单个 CSS 类，如果要同时控制多个 CSS 类，那么 ngClass 指令将会是更好的选择。

```
    <div [ngClass] = "currentClasses" > </div>
```

currentClasses 是一个对象，它在组件对应的 TypeScript 类中被定义如下：

```
    this.currentClasses = {
        saveable:this. canSave,
```

```
    modified:!this.isUnchanged,
    special:this.isSpecial
};
```

这样相当于同时控制了三个 CSS 类，并且分别受制于三个布尔变量，当变量值为真时相应的 CSS 类生效，反之亦然。

5.8.3　ngStyle

前面介绍过 CSS 样式绑定，其可以设置单个 CSS 样式，如果要同时设置多个 CSS 样式的值，那么 ngStyle 指令将会是更好的选择。

```
<div [ngStyle]="currentStyles"></div>
```

currentStyles 是一个对象，它在组件对应的 TypeScript 类中被定义如下：

```
this.currentStyles = {
    'font-style':  this.canSave       ?'italic':'normal',
    'font-weight':!this.isUnchanged   ?'bold'  :'normal',
    'font-size':this.isSpecial ?'24px':'12px'
};
```

这样相当于同时控制了三个 CSS 样式，并且分别受制于三个条件判断语句，在不同的情况下会出现不同的组合样式。

5.8.4　ngIf

ngIf 指令可以添加或移除宿主 DOM 元素，这取决于指令中指定的布尔值，当取值为真时将添加这个 DOM 元素，当取值为假时将移除这个 DOM 元素。

```
<hero-detail *ngIf="isActive"></hero-detail>
```

ngIf 指令前需要添加一个“星”号（*），请注意不要遗漏。

ngIf 指令与显示隐藏并不是一回事，ngIf 指令会直接改变 DOM 树的结构，当需要相应的 DOM 元素时才进行初始化操作，当不需要时又可以完全释放资源，尤其是针对大型组件时会有更好的性能。

ngIf 指令还经常被用来预防空引用错误，如下所示：

```
<div *ngIf="currentHero">{{currentHero.name}}
</div>
```

这与前面介绍的安全导航操作符的作用是一样的，因此还是建议读者使用安全导航操作符，因为它的语法更加简单。

5.8.5 ngFor

ngFor 指令与迭代器有些相似，可以将数组等集合体中的数据逐一输出到用户界面上，它的语法规则如下：

```
<div*ngFor="let hero of heroes">{{hero.name}}
</div>
```

ngFor 指令前需要添加一个“星”号（*），请注意不要遗漏。

ngFor 指令最终会渲染出多个 <div> 元素，但只需书写一遍代码，作为渲染时的模板即可。"let hero of heroes" 是 Angular4 中的微语法，其中 heros 是组件对应的 TypeScript 类中的一个数组，hero 则是当前的迭代对象，在每次迭代的过程中会取出它的 name 属性并输出。

在迭代的过程中，也可以获取当前的索引值，如下所示：

```
<div*ngFor="let hero of heroes;let i=index">{{i+
1}}-{{hero.name}}</div>
```

在微语法中通过 index 获取索引值，并将它赋值给变量 i，由于索引从 0 开始，因此在输出前需要进行 +1 操作。

当列表项非常多时将会引发性能问题，因为在每次刷新时都需要重新渲染整个列表，即便每次有很多不变的内容也会被重新渲染。为了解决这个问题，可以在微语法中引入 trackBy，用来跟踪记录每一条数据，防止重复渲染。

```
    <div*ngFor = "let hero of heroes;trackBy:trackBy -
Heroes" >
      ({{hero.id}}){{hero.name}}
    </div>
```

trackByHeroes 是一个函数，需要在组件对应的 TypeScript 类中进行如下定义：

```
    trackByHeroes(index:number,hero:Hero){
      return hero.id;
    }
```

以上机制的实现需要每个 hero 对象具备唯一的 id 属性，这样 Angular4 就可以以此来跟踪数据，在刷新时不再渲染已经渲染过的内容。

5.8.6　ngSwitch

ngSwitch 指令与大多数语言中的 switch 关键字非常相似，可以从众多 DOM 元素中选取出唯一符合条件的那个进行渲染，其他 DOM 元素都会被忽略。

```
    <div [ngSwitch] = "currentHero.emotion" >
        <happy - hero  *ngSwitchCase = "'happy'"
[hero] = "currentHero" > </happy - hero >
        <sad - hero  *ngSwitchCase = "'sad'"
[hero] = "currentHero" > </sad - hero >
        <confused - hero  *ngSwitchCase = "'confused'"
[hero] = "currentHero" > </confused - hero >
        <unknown - hero *ngSwitchDefault
[hero] = "currentHero" > </unknown - hero >
    </div>
```

ngSwitch 指令相当于 switch 关键字，ngSwitchCase 指令相当于 case 关键

字，ngSwitchDefault 指令相当于 default 关键字。并不是每个指令前都需要添加“星”号（*），这一点需要特别注意。

5.9 服务（Service）

5.9.1 职责分离

服务在 Angular4 中是一个非常广泛的概念，服务本身就是一个纯粹的 TypeScript 类，专注于某一个业务领域，具有很高的内聚性。换句话说，只要一个类本身实现了某种特定的功能，就可以将其理解为一个服务。

举个最简单的例子，日志服务用来将日志输出到控制台，其实现方式如下：

```
export class Logger{
  log(msg:any){ console.log(msg);}
  error(msg:any){ console.error(msg);}
  warn(msg:any){ console.warn(msg);}
}
```

虽然服务的准入门槛很低，但是建议读者遵循职责分离原则创建服务类。所谓职责分离，指的是组件只负责 UI 界面与相关业务逻辑，其他通用的或繁杂的功能逻辑均由服务类进行实现。

比如这个日志服务，其本身实现的功能逻辑并不属于任何一个组件的特性，但是很多组件又都需要使用日志功能，因此按照职责分离原则，应当将日志相关的功能逻辑单独提取出来写在一个类中，这样的类就是 Angular4 服务的最佳实践。

类似的例子还有很多，比如网络服务、数据持久化服务、消息服务和系统配置服务等，设计合理的服务类一般都具备工具类的特性。

5.9.2 依赖注入

Angular4 服务最具代表性的特性就是支持依赖注入，依赖注入本身并不是一个简单的概念，但是在 Angular4 中想实现依赖注入却很简单，只需使用@ Injectable 装饰器对服务类进行修饰即可，代码如下所示：

```
import{ Injectable } from '@angular/core';

@Injectable()
export class Logger{
  log(msg:any){ console.log(msg);}
  error(msg:any){ console.error(msg);}
  warn(msg:any){ console.warn(msg);}
}
```

定义好服务的类之后，还需要在根模块中进行声明，将其加入 providers 数组中即可，这样就可以在模块全局使用这个服务了。

接下来简单介绍依赖注入的概念。读者无须透彻理解依赖注入的具体细节，只需了解依赖注入的核心目的是降低代码之间的耦合度。

假设没有引入依赖注入机制，那么在其他类中想要调用日志服务时，需要先生成一个新的对象。

```
export class User{
  private logger:Logger;

  constructor(){
    this.logger = new Logger();
  }
}
```

这是非常传统的面向对象开发方式，在大多数情况下不会有什么问题，但是当 Logger 类本身发生变动时，如从无参构造函数变为有参构造函数时，所有对象实例化的代码都需要进行相应的改动，否则将出现语法错误。另外，如果实现日志服务的不止 Logger 类，那么切换为其他类时将非常不灵活，因为代码已经在 User 类中写死了，只能手动修改代码以调用其他类的构造函数。

以上问题的根源在于 User 类依赖于 Logger 类，这两个类之间存在耦合关系，其解决办法就是使 User 类不再关注 Logger 类的实例化过程，即避免 new 关键字的出现。所幸，Angular4 提供了依赖注入机制，可以很好地解决上述问题，代码如下所示：

```
export class User{
  constructor(private logger:Logger){}
}
```

这种方式借助 TypeScript 的构造器语法，将权限修饰符（private 关键字）写在构造函数的参数前面，从而省略了声明成员变量的代码。这种语法看似是将 Logger 对象作为构造函数的局部参数，但这其实只是一种简化的语法，Logger 对象依然是成员变量，在 User 类的全局都可以使用。

依赖注入机制使 User 类不再关注 Logger 类的实例化过程，而是将这一多变的过程交给 Angular4 框架实现，从而降低了 User 类与 Logger 类之间的耦合度。Angular4 中依赖注入的技术细节超出了本书的内容范围，读者可以参考 Angular4 的官方文档自行学习。

最后，笔者想谈谈自己对依赖注入的理解。所谓依赖，就是某一个类中需要持有另一个类的对象引用，以此调用这个类提供的功能函数。所谓注入，就是“衣来伸手，饭来张口”，即在需要时就可以得到对象引用而无须关注对象的生成细节，这与设计模式中的工厂模式有一定的相似之处。依赖注入可以降低代码之间的耦合度，任何一个 Angular4 服务都需要引入这项特性。

5.9.3 Promise

Promise 是 ECMAScript6 中引入的新技术，用来实现异步编程，比传统的 Ajax 更为灵活。由于 Angular4 以及 Ionic3 官方提供的很多服务中都使用了 Promise，因此需要读者对其有基本的了解。

首先让回顾一段基于 jQuery 的经典 Ajax 代码，如下所示：

```
$.ajax({
  ...
  success:function(data){
```

```
        //成功回调函数
      },
      error:function(error){
        //失败回调函数
      }
    });
```

Promise 是通用的异步编程技术，并不仅限于网络请求，为了方便讲解，不妨对照上述 Ajax 同样实现网络请求。首先应当调用 Angular4 官方的网络服务返回一个 Promise 对象，并在此基础上进行操作，假设这个对象的名字是 result，则相应代码如下所示：

```
result.then((data) =>{
   //成功回调函数
},(error) =>{
   //失败回调函数
});
```

Promise 对象代表一个未来将会发生的事件，当事件发生时会执行 then( )函数，其中又包含了两个函数类型的参数，依次是成功回调函数和失败回调函数。这个例子中还使用了 TypeScript 的箭头函数，它可以使代码更加简短。

如果需要手动生成一个 Promise 对象以实现自定义的异步逻辑，则需要通过 new 关键字进行实例化操作，代码如下所示：

```
let result =new Promise<any>((resolve,reject) =>{
     …
     resolve(data);


     …
     reject(error);
});
```

Promise 的构造函数需要接收另一个函数作为参数，这个函数本身又包含两个函数类型的参数，resolve( )函数触发成功回调函数并传递 data 参数，reject( )函数触发失败回调函数并传递 error 参数。Angular4 官方的网络服务内部就可以抽象为这种形式，负责执行异步操作并根据状态触发相应的回调函数。

Promise 的优势在于支持链式调用，避免了 Ajax 中回调函数的层层嵌套，Promise 还支持并发执行与竞速执行，这些是传统回调函数难以实现的功能。有关 Promise 的高级用法，推荐一篇不错的博文（初探 Promise）给读者（作者：ripple07）。

博文地址:https://segmentfault.com/a/1190000007032448

5.9.4 网络服务

Angular4 官方提供了基础的网络服务，之所以要单独作为一节进行讲解，是因为如今的 Web 开发离不开网络交互，绝大多数 App 也都具备联网功能，所以网络交互是一个非常重要的功能。

Angular4 网络服务被封装在一个单独的模块 HttpModule 中，因此需要先在根模块中对其进行导入，相关代码如下所示：

```
import{ NgModule }     from '@angular/core';
import{ HttpModule }   from '@angular/http';

@NgModule({
  imports: [ HttpModule ],
  ...
})
export class AppModule{ }
```

在某一个类中使用 Angular4 网络服务时，需要先将其依赖注入，相关代码如下所示：

```
import{ Http,Headers } from '@angular/http';
import 'rxjs/add/operator/toPromise';

export class User{
  constructor(private http:Http){}
}
```

网络交互中最常见的就是 GET 请求与 POST 请求，Angular4 网络服务已经实现了相关的底层操作，在此直接调用即可。

```
this.http.get("…")
    .toPromise()
    .then((data) =>{
        let json = data.json();
    },(error) =>{
        …
    });
```

GET 请求需要调用 http 对象的 get( )函数，参数为接口地址，返回值是一个 Observable 对象，通过 toPromise( )函数可以转换为 Promise 对象。在成功回调函数中，调用 data 对象上的 json( )函数可以将服务器的响应信息转换为 JSON 对象，为进一步的数据处理做准备。

Observable 对象是 RxJS 中的概念，RxJS 也是一种异步编程技术。本书不推荐读者使用 RxJS，一方面是因为这项技术本身的关注度较低，另一方面是因为 Angular4 以及 Ionic3 中 Promise 更为普遍，至于为什么 Angular4 网络服务会默认返回 Observable 对象，笔者认为这应该只是历史原因。

POST 请求比 GET 请求多一个参数，代表请求体，相关代码如下所示：

```
this.http.post("…",{ key:value })
    .toPromise()
```

除此之外，网络交互有时还需要传递请求头，相关代码如下所示：

```
    this.headers = new Headers({…});

    this.http.post ( "…", this.body, { headers: this.
headers })
        .toPromise()
```

Headers 类的构造函数接收一个对象，对象内部同样通过键值对的方式对请求头进行配置。

第6章 Ionic3 页面布局控件

6.1 声明与建议

第 6 章 ~ 第 11 章的部分内容摘录自 Ionic3 官方文档，全方位讲解了 Ionic3 的相关知识点。Ionic3 官方文档均为英文，本书并没有直接翻译相关文档，而是在确保知识点正确的前提下，用中文重新梳理了一遍。这几章包含了大量的 Ionic3 常用控件，建议读者先浏览一遍，有个大概的印象，在实际使用时再以查字典的方式深入学习。

Ionic3 官方文档还配有控件实际效果的动态演示，因此建议读者在学习这几章的内容时，可以同步查看官方文档中的内容，这样的学习过程将会更加生动，学习效果也会更加理想。

```
Ionic3 官方文档(英文):http://ionicframework.com/docs/
```

Ionic3 官方文档的授权协议是 Apache License 2.0。

6.2 顶栏与底栏（Header & Footer）

顶栏与底栏被封装为 Angular4 组件，引用方式如下所示：

```
<ion-header></ion-header>
<ion-footer></ion-footer>
```

顶栏是页面最上方的一块固定区域，相当于具备 position:fixed 属性的一个容器，绝大多数页面都存在顶栏，一般用来放置导航栏。

底栏是页面最下方的一块固定区域，底栏并不是必需的，如果当前页面中存在快捷操作按钮，则可以考虑将其放置在底栏中。

6.3 导航栏（Navbar & Toolbar）

导航栏被封装为 Angular4 组件，引用方式如下所示：

```
<ion-navbar></ion-navbar>
<ion-toolbar></ion-toolbar>
```

导航栏几乎是页面必备的一个控件，其本身也是一个容器，常见的导航栏有以下几种设计方式：

(1) 只包含标题的简易导航栏。

(2) 包含标题以及菜单按钮的导航栏。

(3) 包含标题，并且还包含一些快捷操作按钮的导航栏。

(4) 不包含标题，而是被某一控件独占的导航栏。

这几种设计方式如图 6-1 所示，每一行代表一种类型的导航栏。

导航栏的示例代码如下所示：

```
<ion-header>

  <ion-navbar>
    <button ion-button icon-only menuToggle>
```

```
5.      <ion-icon name="menu"></ion-icon>
6.      </button>
7.
8.      <ion-title>Page Title</ion-title>
9.
10.       <ion-buttons end>
11.         <button ion-button icon-only (click)=
           "openModal()">
12.           <ion-icon name="options"></ion-icon>
13.         </button>
14.       </ion-buttons>
15.    </ion-navbar>
16.
17. </ion-header>
```

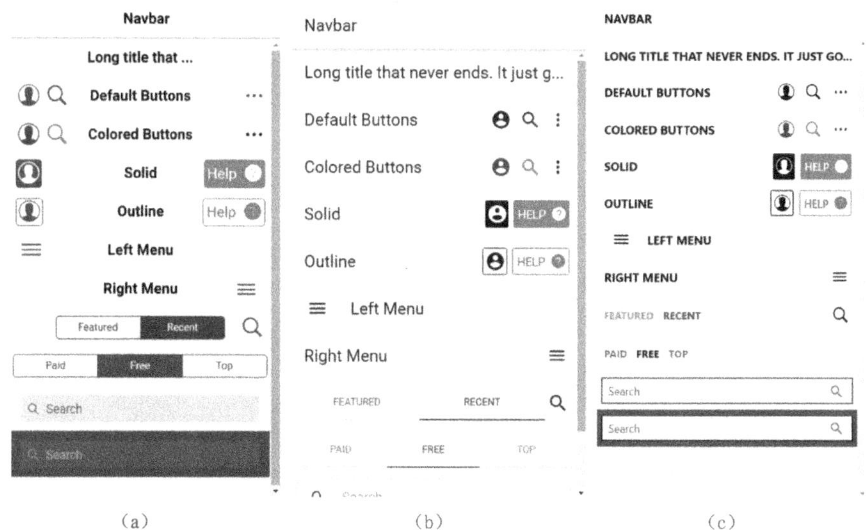

(a)　　(b)　　(c)

图 6-1　导航栏

(a) iOS; (b) Android; (c) Windows

最外层的容器是一个顶栏（第 1 行与第 17 行），顶栏之中包含一个导航栏（第 3 行与第 15 行），这是比较定式化的写法。导航栏中存在页面的标题（第 8 行）、左侧的菜单按钮（第 4 行～第 6 行）、右侧的快捷操作按钮组（第 10 行～第 14 行）。

除了菜单按钮以外，其他任何快捷操作按钮都必须放置在按钮组中，按钮组可以放置在导航栏中的不同位置，只需加入相应的指令即可（第 10 行），如表 6 – 1 所示。

表 6 – 1 按钮组在导航栏中的位置

属性	描述
start	iOS 放置在左侧，Android 与 Windows 放置在右侧
end	iOS 放置在右侧，Android 与 Windows 放置在最右侧（在 start 按钮组的右侧）
left	放置在所有其他控件的左侧
right	放置在所有其他控件的右侧

<ion – navbar>与<ion – toolbar>非常相似，仅存在以下几点区别：

（1）<ion – navbar>与页面导航相关联，具体详见 10.3 节，在一个页面中最多出现一次，并且应该放置在顶栏中。

（2）<ion – navbar>放置在子页面时，会自动在左上角出现返回按钮。

（3）<ion – toolbar>是一个独立的控件，可以随意使用而没有任何限制。

（4）在一个页面中可以同时存在两种控件，一般都放置在顶栏中，<ion – navbar>应该出现在<ion – toolbar>上面。

6.4 内容（Content）

内容被封装为 Angular4 组件，引用方式如下所示：

```
<ion-content></ion-content>
```

内容也是一个容器，放置在顶栏与底栏之间，包裹了页面的主体部分，相当于传统 HTML 中的<body>标签。内容是一个自带滚动效果的容器，在处理相应滚动逻辑之前，首先要获取对内容的引用，代码如下所示：

```
import {Component, ViewChild} from'@angular/core';
import {Content} from'ionic-angular';

@Component ({...})
export class MyPage {
  @ViewChild (Content) content: Content;

  scrollToTop(){
    this. content. scrollToTop();
  }
}
```

如果读者对以上代码感到陌生，请复习 5.5.4 节中 Angular4 组件的相关知识。

内容的常用 API 如下所示：

（1）contentTop：number 属性，代表内容与页面顶部间距的像素值，这个值其实就是顶栏的高度。

（2）contentBottom：number 属性，代表内容与页面底部间距的像素值，这个值其实就是底栏的高度。

（3）contentWidth：number 只读属性，代表内容可见区域的宽度，也就是页面宽度。

（4）contentHeight：number 只读属性，代表内容可见区域的高度，即整个页面高度减去顶栏与底栏之后的像素值。

（5）directionX：string 属性，代表当前或上一次的水平滚动方向，可以是 right 或者 left。

（6）directionY：string 属性，代表当前或上一次的垂直滚动方向，可以是 down 或者 up。

（7）isScrolling：boolean 属性，判断内容是否正在滚动。

（8）scrollTop：number 属性，代表内容向下（距离上边）滚动的像素值。

（9）scrollLeft：number 属性，代表内容向右（距离左边）滚动的像素值。

（10）scrollWidth：number 只读属性，代表内容可滚动区域的宽度，即内容中所有控件的总宽度（不论当前是否滚动至可见区域）。

（11） scrollHeight：number 只读属性，代表内容可滚动区域的高度，即内容中所有控件的总高度（不论当前是否滚动至可见区域）。

（12） scrollTo(x, y, duration)：Promise 函数，滚动至指定位置，x 是水平距离，y 是垂直距离，duration 是滚动时间（可选，默认：300 ms），返回值是一个 Promise 对象。

（13） scrollToTop(duration)：Promise 函数，滚动至内容顶部，duration 是滚动时间（可选，默认：300 ms），返回值是一个 Promise 对象。

（14） scrollToBottom（duration）：Promise 函数，滚动至内容底部，duration 是滚动时间（可选，默认：300 ms），返回值是一个 Promise 对象。

（15） resize()：函数，重新调整内容的尺寸，这个函数需要在动态添加或移除顶栏或底栏时调用。

内容的输入属性如表 6－2 所示，输出事件如表 6－3 所示。

表 6－2 内容的输入属性

属性	类型	描述
fullscreen	boolean	如果为 true，那么内容将会在顶栏与底栏后面滚动，并将导航栏设为透明可以看到的效果
scrollDownOnLoad	boolean	如果为 true，那么内容会在加载后滚动至底部

表 6－3 内容的输出事件

事件	描述
ionScroll	内容每次滚动时都会触发
ionScrollStart	内容开始滚动时触发
ionScrollEnd	内容停止滚动时触发

综合运用上述知识，示例代码如下所示：

```
<ion-content [fullscreen]="fs" (ionScroll)="onScroll($event)">
  Add your content here!
</ion-content>
```

在相应的 TypeScript 类中，fs 是一个布尔变量，onScroll 是一个函数。实际上这就是 Angular4 组件的输入、输出，如果读者对以上代码感到陌生，请复习 5.5.3 节中的相关内容。

6.5　滚动（Scroll）

滚动被封装为 Angular4 组件，引用方式如下所示：

```
<ion-scroll></ion-scroll>
```

滚动是页面里的一个容器，具备水平滚动、垂直滚动和缩放等功能特性。滚动与内容的区别在于，滚动一般是页面中的一个局部区域，并且可以存在多个滚动控件，内容则是与顶栏、底栏处于同一层级的根容器。

滚动的输入属性如表 6－4 所示。

表 6－4　滚动的输入属性

属性	类型	描述
maxZoom	number	设置最大缩放值
scrollX	boolean	如果为 true，那么水平滚动会生效
scrollY	boolean	如果为 true，那么垂直滚动会生效，需要相应的 CSS 样式：ion－scroll {white－space：nowrap;}
zoom	boolean	如果为 true，那么缩放会生效

6.6　滑动（Slide）

滑动被封装为 Angular4 组件，引用方式如下所示：

```
<ion-slides>
  <ion-slide></ion-slide>
</ion-slides>
```

滑动需要一个 <ion－slides> 标签作为父容器，每一个可滑动的子元素需要写在 <ion－slide> 标签中。滑动一般被用在 App 首次启动时的欢迎页中，或者需要实现轮播效果的页面中，如图 6－2 所示。

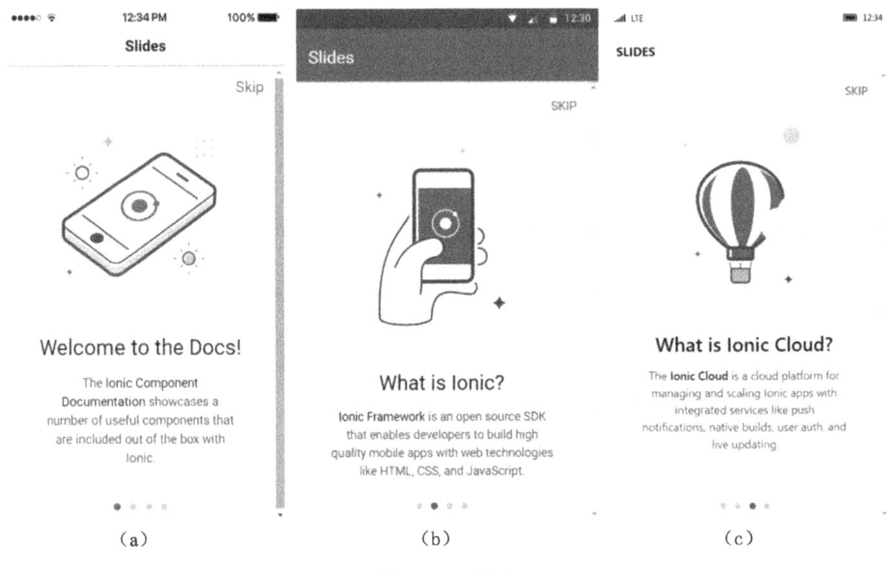

(a)　(b)　(c)

图 6-2　滑动

(a) iOS; (b) Android; (c) Windows

在调用 API 之前需要先获取对滑动的引用，代码如下所示：

```
import {ViewChild} from'@angular/core';
import {Slides} from'ionic-angular';

class MyPage {
  @ViewChild (Slides) slides: Slides;

  goToSlide(){
    this.slides.slideTo (2, 500);
  }
}
```

滑动的常用 API 如下所示：

(1) enableKeyboardControl(shouldEnableKeyboard)：void 函数，设置是否可以通过键盘操控；shouldEnableKeyboard 是 boolean 参数。

(2) getActiveIndex()：number 函数，获取当前滑动项索引。

(3) getPreviousIndex()：number 函数，获取前一个滑动项索引。

(4) isBeginning()：boolean 函数，判断当前滑动项是否首项。

（5） isEnd( )：boolean 函数，判断当前滑动项是否末项。

（6） length( )：number 函数，获取滑动项总数量。

（7） lockSwipeToNext(shouldLockSwipeToNext)：void 函数，设置是否可以滑动至后一项；shouldLockSwipeToNext 是 boolean 参数。

（8） lockSwipeToPrev(shouldLockSwipeToPrev)：void 函数，设置是否可以滑动至前一项；shouldLockSwipeToPrev 是 boolean 参数。

（9） lockSwipes(shouldLockSwipes)：void 函数，设置是否可以滑动；shouldLockSwipes 是 boolean 参数。

（10） slideNext(speed，runCallbacks)：void 函数，滑动至后一项，speed 是切换时间（可选，单位：ms），runCallbacks 是 boolean 参数（可选，默认：true），代表滑动过程中是否触发 ionSlideWillChange 事件与 ionSlideDidChange 事件。

（11） slidePrev(speed，runCallbacks)：void 函数，滑动至前一项；其他同上。

（12） slideTo(index，speed，runCallbacks)：函数，滑动至指定项，其中 index 是指定项索引；其他同上。

（13） startAutoplay( )：void 函数，开始自动轮播。

（14） stopAutoplay( )：void 函数，停止自动轮播。

（15） update( )：void 函数，更新滑动项，这个函数需要在动态添加或移除滑动项时调用。

滑动的输入属性如表 6 – 5 所示，滑动的输出事件如表 6 – 6 所示。

表 6 – 5　滑动的输入属性

属性	类型	描述
autoplay	number	设置自动轮播的间隔时间（单位：ms），如果不设置，那么这个属性将禁用轮播，默认为禁用
centeredSlides	boolean	如果为 true，则将滑动项居中
direction	string	滑动方向，horizontal 为水平，vertical 为垂直，默认为 horizontal
effect	string	滑动动画效果，可以是 slide、fade、cube、coverflow、flip，默认为 slide
initialSlide	number	初始时的滑动项索引，默认为 0

续表

属性	类型	描述
loop	boolean	如果为 true，则将循环进行轮播
pager	boolean	如果为 true，则将显示页码标注（一般是滑动项底部的小圆点）
paginationType	string	页码标注类型，可以是 bullets、fraction、progress，默认为 bullets
parallax	boolean	如果为 true，则允许在滑动项中使用带视差效果的元素
slidesPerView	number	每次滑动时滑过的项目数量，默认值为 1
spaceBetween	number	滑动项之间的像素间距，默认值为 0
speed	number	滑动项之间的切换时间（单位：ms），默认值为 300
zoom	boolean	如果为 true，则将启用缩放功能

表 6－6 滑动的输出事件

事件	描述
ionSlideAutoplay	自动轮播时触发
ionSlideAutoplayStart	自动轮播开始时触发
ionSlideAutoplayStop	自动轮播停止时触发
ionSlideWillChange	滑动项将要改变前触发
ionSlideDidChange	滑动项已经改变时触发
ionSlideNextStart	将要滑动至后一项前触发
ionSlideNextEnd	已经滑动至后一项时触发
ionSlidePrevStart	将要滑动至前一项时触发
ionSlidePrevEnd	已经滑动至前一项后触发
ionSlideReachStart	滑动至首项时触发
ionSlideReachEnd	滑动至末项时触发
ionSlideTap	用户单击滑动项时触发
ionSlideDoubleTap	用户双击滑动项时触发
ionSlideDrag	用户拖拽滑动项时触发

6.7　菜单（Menu）

6.7.1　菜单组件

菜单被封装为 Angular4 组件，引用方式如下所示：

```
<ion-menu></ion-menu>
```

菜单如图 6-3 所示。

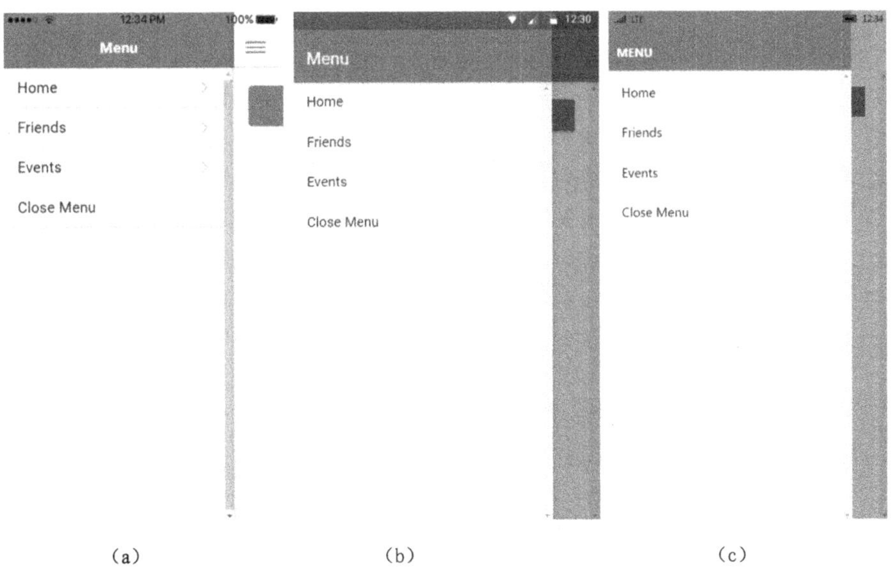

图 6-3　菜单

(a) iOS；(b) Android；(c) Windows

菜单的代码如下所示：

```
<ion-menu [content]="mycontent">
  <ion-header>
    <ion-toolbar>
      <ion-title>Menu</ion-title>
```

```
5.     < /ion - toolbar >
6.   < /ion - header >
7.   < ion - content >
8.     < ion - list >
9.         <button ion - item (click) = "openPage (homePage)" >
10.        Home
11.        < /button >
12.        <button ion - item (click) = "openPage (friendsPage)" >
13.          Friends
14.        < /button >
15.        <button ion - item (click) = "openPage (eventsPage)" >
16.          Events
17.        < /button >
18.        <button ion - item (click) = "closeMenu ()" >
19.          Close Menu
20.        < /button >
21.      < /ion - list >
22.    < /ion - content >
23. < /ion - menu >
24.
25. < ion - nav id = "nav" #mycontent [root]= "rootPage" >
    < /ion - nav >
```

菜单由两部分组成：一是 <ion - menu> 标签包裹的菜单主体部分（第 1 行 ~ 第 23 行），这部分之中又包含了顶栏、导航栏及其内容，其中 <ion - list> 标签是一个列表（第 8 行 ~ 第 21 行），用来展示菜单项；二是 <ion - nav> 标签代表的页面容器部分（第 25 行），可以根据选取的不同菜单项动态跳转至不同的页面，这涉及页面导航的内容，详见 10. 3 节。

菜单的这两部分需要关联在一起，首先在 <ion - nav> 标签中设置模板引用变量#mycontent（第 25 行），之后在 <ion - menu> 标签中对 content 属性进行单向属性绑定（第 1 行），绑定的内容 mycontent 就是模板引用变量。

6. 3 节介绍了导航栏的知识，提到了可以在导航栏中加入菜单按钮，以实现菜单的打开与关闭操作，代码如下所示：

```
<button ion-button icon-only menuToggle>
  <ion-icon name="menu"></ion-icon>
</button>
```

这段代码的核心是 menuToggle 指令，实际上页面中的任何按钮都可以通过加入这个指令来实现对菜单的控制，只不过常见的设计风格是将菜单按钮放置在导航栏中。除此之外，还有 menuClose 指令，它用来单向实现菜单的关闭操作。

菜单的输入属性如表 6-7 所示，菜单的输出事件如表 6-8 所示。

表 6-7 菜单的输入属性

属性	类型	描述
content	any	菜单对应的页面容器引用
enabled	boolean	如果为 true，则菜单将会启用，默认为 true
id	string	菜单的 id
persistent	boolean	如果为 true，则菜单将会在子页面持续显示
side	string	菜单的放置位置，默认为 left
swipeEnabled	boolean	如果为 true，那么菜单将支持通过滑动手势进行打开/关闭，默认为 true
type	string	菜单打开/关闭时的展示方式，可以是 overlay、reveal、push，默认取决于运行时的移动平台

表 6-8 菜单的输出事件

事件	描述
ionOpen	菜单打开后触发
ionClose	菜单关闭后触发
ionDrag	菜单被拖拽打开后触发

6.7.2 菜单服务

菜单也被封装为 Angular4 服务，引用方式如下所示：

```
import{MenuController}from'ionic-angular';
```

菜单还可以通过服务的形式进行更深层次的控制，在任何页面引用菜单服务时，都应当先将其依赖注入（第7行），代码如下所示：

```
1. import {Component} from'@angular/core';
2. import {MenuController} from'ionic-angular';
3.
4. @Component ( {...})
5. export class MyPage {
6.
7. constructor (public menuCtrl: MenuController) {}
8.
9. toggleMenu(){
10.   this.menuCtrl.toggle();
11.}
12.}
```

菜单服务可以获取当前页面中的菜单引用，当页面中只存在一个菜单时可以直接获取引用，当页面中存在多个菜单时则需要根据菜单的 side（放置位置）或者 id 进行获取。

```
<ion-menu id="first" side="left" [content]="mycontent">
</ion-menu>
<ion-menu id="second"side="right" [content]="mycontent">
</ion-menu>
<ion-nav #mycontent [root]="rootPage"></ion-nav>
```

以上代码中存在两个菜单，分别设置了 id 属性和 side 属性，调用相应 API 时需要指定具体的属性，代码如下所示：

```
toggleRightMenu(){
  this.menuCtrl.toggle('right');
}

enableMenu(){
```

```
6.   this.menuCtrl.enable(true,'first');
7. }
```

同时控制多个菜单便是菜单服务的强大之处，当页面中只存在一个菜单时，就没有必要设置 id 属性了。

菜单服务的常用 API 如下所示：

（1） open(menuId)：Promise 函数，打开菜单，menuId 是菜单 id（可选）。

（2） close(menuId)：Promise 函数，关闭菜单，menuId 是菜单 id（可选），如果没有指定将会关闭所有已打开的菜单。

（3） toggle(menuId)：Promise 函数，打开或关闭菜单，menuId 是菜单 id（可选）。

（4） enable(shouldEnable, menuId)：Menu 函数，设置菜单的启用状态，shouldEnable 是 boolean 参数，menuId 是菜单 id（可选），如果某一侧存在多个菜单，那么启用其中一个将禁用全部其他菜单，返回菜单引用以方便链式调用。

（5） swipeEnable(shouldEnable, menuId)：Menu 函数，设置菜单滑动操作的启用状态，shouldEnable 是 boolean 参数，menuId 是菜单 id（可选），返回菜单引用以方便链式调用。

（6） get(menuId)：Menu 函数，获取菜单的引用，menuId 是菜单 id（可选），如果没有指定，则会返回第一个遍历到的菜单；如果传递 side 参数，则会返回这一侧处于可用状态的菜单；如果传递 id 参数，则会返回对应的菜单；如果没有找到任何符合条件的菜单，则会返回 null。

（7） getMenus()：Array < Menu > 函数，以数组的形式返回全部菜单引用。

（8） getOpen()：Menu 函数，返回处于打开状态的菜单引用，否则返回 null。

（9） isOpen(menuId)：boolean 函数，判断菜单是否处于打开状态，menuId 是菜单 id(可选)。

（10） isEnabled(menuId)：boolean 函数，判断菜单是否处于启用状态，menuId 是菜单 id(可选)。

6.8　网格（Grid & Row & Col）

6.8.1　十二列布局

网格被封装为 Angular4 组件，引用方式如下所示：

```
<ion-grid>
  <ion-row>
    <ion-col></ion-col>
  </ion-row>
</ion-grid>
```

网格是一个控制布局的容器，由行与列组成，如图 6-4 所示。

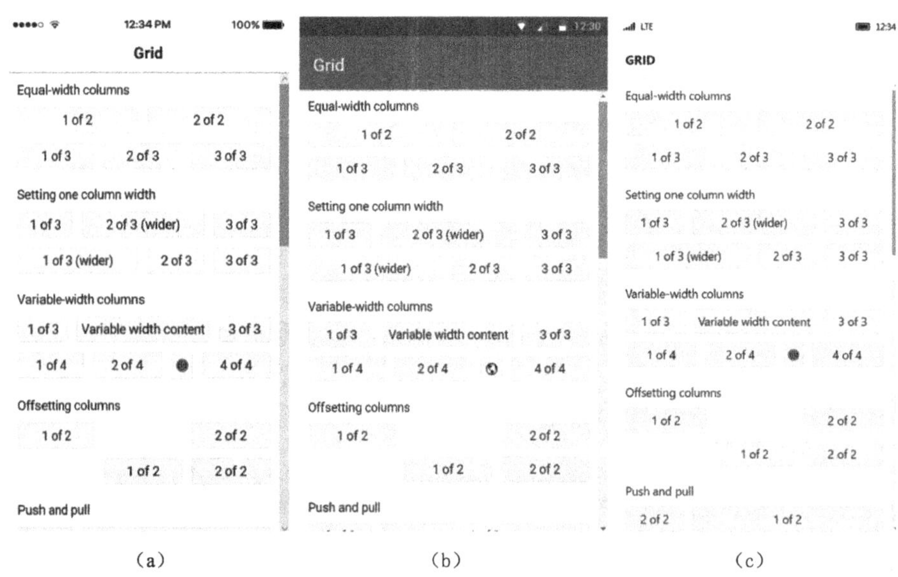

图 6-4　网格

(a) iOS；(b) Android；(c) Windows

网格的主体是一个 <ion-grid> 标签，其中行是一个 <ion-row> 标签，列是一个 <ion-col> 标签，二者将页面分割成许多小格。Ionic3 的网格布局完全参考了 BootStrap（一个 Web 前端 UI 框架）的网格布局，具备强大的自适应特性。

在网格布局中可以存在无数行，但是每行最多只能被分成 12 列，这并不意味着一个 <ion-row> 标签中真的会出现 12 个 <ion-col> 标签，因为每一列都可以指定自己的宽度，只是总宽度不能超过 12。

```
<ion-grid>
  <ion-row>
    <ion-col col-4>
      1 of 4
    </ion-col>
    <ion-col col-2>
      2 of 4
    </ion-col>
    <ion-col col-2>
      3 of 4
    </ion-col>
    <ion-col col-4>
      4 of 4
    </ion-col>
  </ion-row>
</ion-grid>
```

在上面这个例子中总共存在 4 列，每一列都通过“col-*”（“*”代表具体数字）指令定义了这一列的宽度，并且保证 4+2+2+4=12（也可以小于 12）。不论屏幕的具体宽度是多少，网格布局中都将其进行 12 等分，之后再将空间分配给相应的 <ion-col> 标签。

值得注意的是，网格布局是可以嵌套的，即每一列中还可以再划分行，新的行中再划分新的列。并且，十二列布局在任何一个层面上都是独立的，即任何情况下都是对当前行的总宽度进行 12 等分，因此通过嵌套可以实现更精细的布局。

有时候需要使列之间存在间距，或者说是实现列的偏移，此时可以通过“offset-*”（“*”代表具体数字）指令实现。

```
<ion-grid>
  <ion-row>
```

```
    <ion-col col-3>
      1 of 2
    </ion-col>
    <ion-col col-3 offset-3>
      2 of 2
    </ion-col>
  </ion-row>
</ion-grid>
```

在这个例子中，十二列布局的前 3 份被分配给了第 1 列，之后的 3 份为空，再接下来的 3 份被分配给了第 2 列。“offset-3”指令的意思是：向右偏离 3 份空间，相当于在两列之间拉开了间距。

网格布局还允许对列重新排序，即列的实际位置与代码顺序并不一定完全一致，以此实现动态调整。

```
<ion-grid>
  <ion-row>
    <ion-col col-9 push-3>
      1 of 2
    </ion-col>
    <ion-col col-3 pull-9>
      2 of 2
    </ion-col>
  </ion-row>
</ion-grid>
```

第 1 列占据了 9 份空间，但是“push-3”指令使这一列的实际位置变为最右侧，第 2 列占据了 3 份空间，但是“pull-9”指令使这一列的实际位置变为最左侧。不难看出，“push-*”指令实现了向右推，“pull-*”指令实现了向左拉。

6.8.2 屏幕自适应

如果读者接触过 BootStrap，则应当知道 BootStrap 可以通过一套代码实现不同屏幕尺寸的自适应布局，这里的屏幕尺寸主要指的是屏幕宽度。举个具体的例子，比如总共有 4 列，在平板电脑这样的大屏幕上可以将 4 列放在同一行显示，在手机这样的小屏幕上则分为 2 行，每一行只显示 2 列。

这样的屏幕自适应布局可以带来很好的用户体验，所幸 Ionic3 也支持这一特性，并且完全模仿了 BootStrap 的设计模式，根据不同的屏幕尺寸预设了几种指令，如表 6 – 9 所示。

表 6 – 9　网格预设指令

预设指令	宽度阈值	宽度前缀	偏移前缀
xs	0	col – *	offset – *
sm	576 px	col – sm – *	offset – sm – *
md	768 px	col – md – *	offset – md – *
lg	992 px	col – lg – *	offset – lg – *
xl	1200 px	col – xl – *	offset – xl – *

以 sm 指令为例，它在屏幕尺寸介于 0 ~ 576 px 时生效，此时被认定为是小屏幕，列的布局空间将按照“col – sm – *”指令进行分配，其他指令将会失效。利用这个特性，可以实现上述例子中的场景，代码如下所示：

```
<ion - grid >
  <ion - row >
    <ion - col col - sm - 6 col - xl - 3 >
      1 of 4
    </ion - col >
    <ion - col col - sm - 6 col - xl - 3 >
      2 of 4
    </ion - col >
    <ion - col col - sm - 6 col - xl - 3 >
      3 of 4
    </ion - col >
    <ion - col col - sm - 6 col - xl - 3 >
      4 of 4
    </ion - col >
  </ion - row >
</ion - grid >
```

当在小屏幕上时，“col - sm - 6”生效，于是 4 列被拆分为 2 行进行显示，当在大屏幕上时，“col - xl - 3”生效，于是 4 列便可以在同一行之内显示。

除了预设的这几种指令之外，Ionic3 还允许根据实际屏幕宽度自定义相关指令，读者可以参考 Ionic3 的官方文档自行学习。

6.9　标签（Tab）

标签被封装为 Angular4 组件，引用方式如下所示：

```
<ion-tabs>
  <ion-tab></ion-tab>
</ion-tabs>
```

6.9.1　文字标签

文字标签是最简单的标签形式，如图 6 - 5 所示。

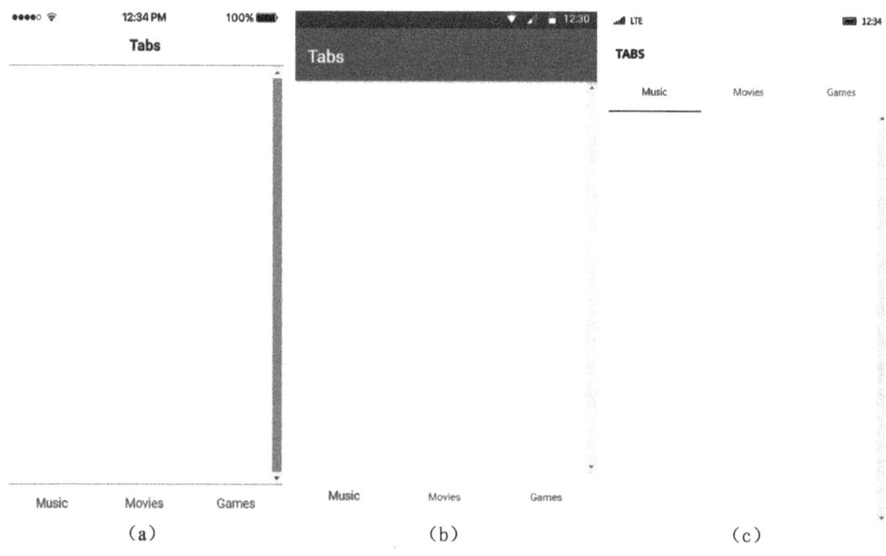

（a）　（b）　（c）

图 6 - 5　文字标签

（a）iOS；（b）Android；（c）Windows

文字标签的代码如下所示：

```
<ion-tabs>
  <ion-tab tabTitle="Music" [root]="tab1"></ion-tab>
  <ion-tab tabTitle="Movies" [root]="tab2"></ion-tab>
  <ion-tab tabTitle="Games" [root]=" tab3"></ion-tab>
</ion-tabs>
```

tabTitle 属性指定了标签的标题，而 root 属性指定了这一标签下的页面容器引用，这涉及页面导航的内容，详见 10.3 节。

6.9.2　图标标签

图标标签是只带有图标的标签，如图 6－6 所示。

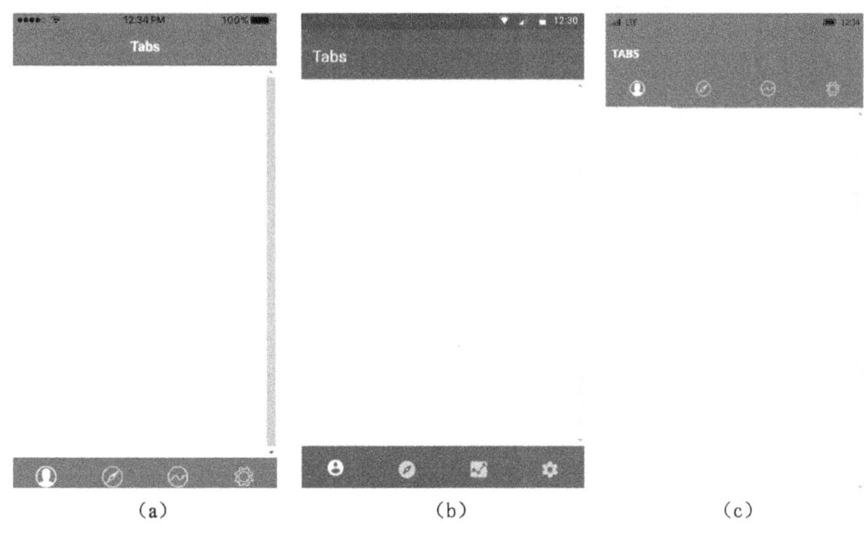

(a)　　(b)　　(c)

图 6－6　图标标签

(a) iOS；(b) Android；(c) Windows

图标标签的代码如下所示：

```
<ion-tabs>
  <ion-tab tabIcon="contact" [root]="tab1"></ion-tab>
  <ion-tab tabIcon="compass" [root]="tab2"></ion-tab>
```

```
4.   <ion-tab tabIcon="analytics" [root]="tab3">
  </ion-tab>
5.   <ion-tab tabIcon="settings" [root]="tab4">
  </ion-tab>
6. </ion-tabs>
```

tabIcon 属性指定了标签的图标，这来源于 Ionic3 内置的一套图标，详见 10.8 节。

6.9.3　文字图标标签

文字图标标签是同时包含文字和图标的标签，如图 6-7 所示。

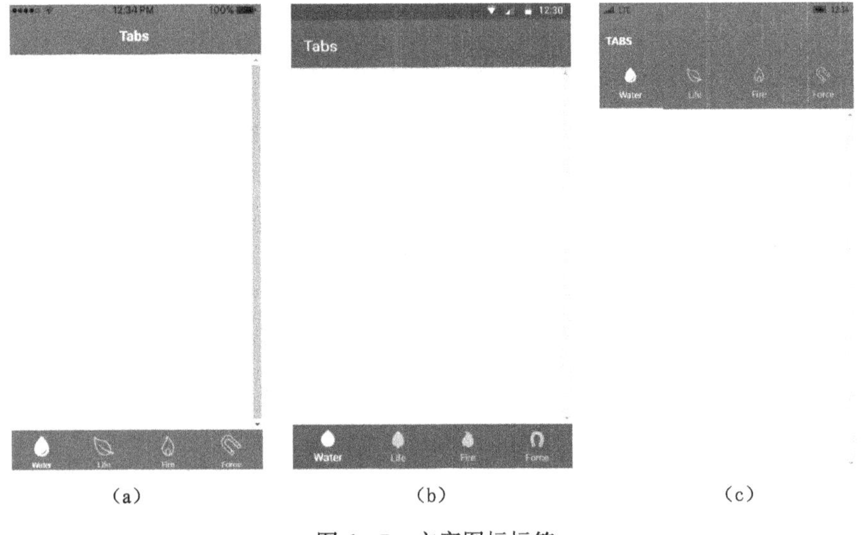

(a)　(b)　(c)

图 6-7　文字图标标签
(a) iOS；(b) Android；(c) Windows

文字图标标签的代码就是文字标签与图标标签的整合，此处不再赘述。

6.9.4　徽章标签

徽章标签是带有提示数字的标签，常用来提示未读消息数，如图 6-8 所示。

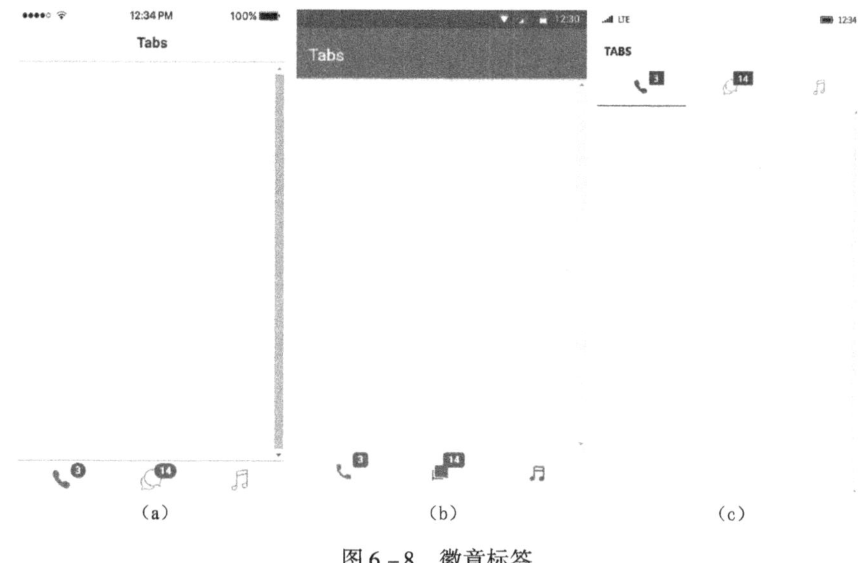

(a)　　(b)　　(c)

图 6-8　徽章标签

(a) iOS; (b) Android; (c) Windows

徽章标签的代码如下所示：

```
<ion-tabs>
  <ion-tab tabIcon="call" [root]="tabOne" tabBadge="3" tabBadgeStyle="danger"></ion-tab>
  <ion-tab tabIcon="chatbubbles" [root]="tabTwo" tabBadge="14" tabBadgeStyle="danger"></ion-tab>
  <ion-tab tabIcon="musical-notes" [root]="tabThree"></ion-tab>
</ion-tabs>
```

tabBadge 属性指定了徽章上显示的数字，tabBadgeStyle 属性指定了徽章的背景色，这涉及主题样式的内容，详见 10.7.3 节。

6.9.5　标签组 API

在调用 API 之前需要先获取对标签组的引用，代码如下所示：

```
export class TabsPage {

```

```
  @ViewChild ('myTabs') tabRef: Tabs;

  ionViewDidEnter(){
    this.tabRef.select (2);
  }
}
```

标签组的常用 API 如下所示：

(1) getByIndex (index)：Tab 函数，根据索引值获取标签引用，其中 index 是索引值。

(2) getSelected()：Tab 函数，获取当前被选中的标签引用。

(3) previousTab (trimHistory)：Tab 函数，获取上一个被选中的标签引用，其中 trimHistory 是 boolean 参数，代表是否将导航历史记录回退至上一个标签被选中时的状态（涉及页面导航，详见 10.3 节）。

(4) select (tabOrIndex)：函数，选中指定的标签，其中 tabOrIndex 既可以传入标签引用，也可以传入索引值。

标签组的输入属性如表 6-10 所示，标签组的输出事件如表 6-11 所示。

表 6-10 标签组的输入属性

属性	类型	描述
name	string	标签组的名字
selectedIndex	number	默认被选中的标签索引值，如果没有指定则为 0，代表第一个标签
tabsHighlight	boolean	如果为 true，在被选中的标签下方将显示高亮条
tabsLayout	string	设置标签按钮的布局样式，可以是 icon-top、icon-start、icon-end、icon-bottom、icon-hide、title-hide
tabsPlacement	string	设置标签组的位置，可以是 top、bottom

表 6-11 标签组的输出事件

事件	描述
ionChange	当标签的选中状态改变时触发

6.9.6　标签 API

标签的输入属性如表 6 – 12 所示，标签的输出事件如表 6 – 13 所示。

表 6 – 12　标签的输入属性

属性	类型	描述
enabled	boolean	如果为 true，则将启用这个标签；如果为 false，那么用户将不能与这个标签进行交互，默认为 true
root	Page	设置标签的根页面引用（涉及页面导航，详见 10.3 节）
rootParams	object	传递到标签根页面的参数（涉及页面导航，详见 10.3 节）
show	boolean	如果为 true，那么标签按钮将处于可见状态，默认为 true
tabBadge	string	标签按钮徽章上显示的数字
tabBadgeStyle	string	标签按钮徽章的背景颜色
tabIcon	string	标签按钮的图标
tabTitle	string	标签按钮的标题
tabsHideOnSubPages	boolean	如果为 true，则将在这个标签对应的子页面中隐藏整个标签组（涉及页面导航，详见 10.3 节）

表 6 – 13　标签的输出事件

事件	描述
ionSelect	当前标签被选中时触发

6.10　段（Segment）

段被封装为 Angular4 组件，引用方式如下所示：

```
<ion-segment>
  <ion-segment-button></ion-segment-
button>
</ion-segment>
```

段是一种类似标签的控件，只不过段并不涉及页面导航的内容，而只是单纯在同一页面中的不同元素之间进行切换，如图 6 - 9 所示。

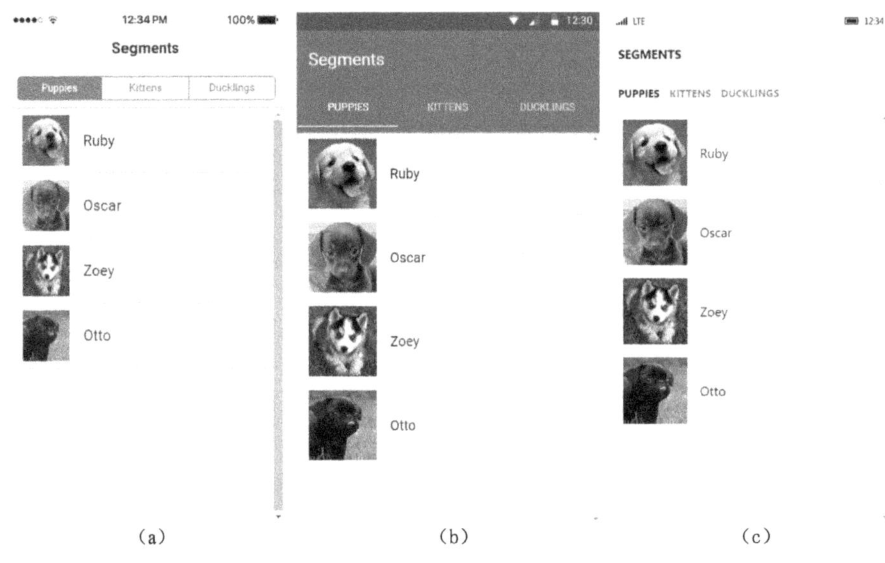

图 6 - 9 段

(a) iOS; (b) Android; (c) Windows

段的代码如下所示：

```
<div padding>
  <ion-segment [(ngModel)] = "pet">
    <ion-segment-button value = "kittens">
      Kittens
    </ion-segment-button>
    <ion-segment-button value = "puppies">
      Puppies
    </ion-segment-button>
  </ion-segment>
</div>

<div [ngSwitch] = "pet">
  <ion-list *ngSwitchCase = "'puppies'">
    <ion-item>
```

```
15.       <ion-thumbnail item-start>
16.         <img src="img/thumbnail-puppy-1.jpg">
17.       </ion-thumbnail>
18.       <h2>Ruby</h2>
19.     </ion-item>
20.     ...
21.   </ion-list>
22.
23.   <ion-list *ngSwitchCase="'kittens'">
24.     <ion-item>
25.       <ion-thumbnail item-start>
26.         <img src="img/thumbnail-kitten-1.jpg">
27.       </ion-thumbnail>
28.       <h2>Luna</h2>
29.     </ion-item>
30.     ...
31.   </ion-list>
32. </div>
```

段需要一个<ion-segment>标签作为父容器，通过［(ngModel)］指令将当前被选中的段按钮名称与变量 pet 进行双向数据绑定（第 2 行）。每个段按钮对应一个<ion-segment-button>标签，并且指定了 value 属性作为段按钮名称（第 3 行与第 6 行）。

由于段是为了实现在页面中不同元素之间进行切换，因此常见的方式就是在选中不同的段按钮时显示不同的页面元素，在这段代码中就是通过［ngSwitch］指令监控变量 pet（第 12 行），根据变量 pet 的不同取值渲染不同的页面元素（第 13 行与第 23 行）。

段按钮的输入属性如表 6-14 所示，段按钮的输出事件如表 6-15 所示。

表 6-14　段按钮的输入属性

属性	类型	描述
disabled	boolean	如果为 true，那么用户将不能与这个段按钮进行交互
value	string	段按钮名称，必须指定

表 6－15　段按钮的输出事件

事件	描述
ionSelect	当前段按钮被单击时触发

6.11　分裂板（SplitPane）

分裂板被封装为 Angular4 组件，引用方式如下所示：

```
<ion-split-pane></ion-split-pane>
```

分裂板是一种可以同时兼容大屏幕平板电脑与小屏幕手机的控件，当运行在大屏幕上时将同时展示左、右两个页面，当运行在小屏幕上时则只展示一个页面。

分裂板的代码如下所示：

```
1. <ion-split-pane>
2.   <ion-menu [content]="mycontent">
3.     <ion-header>
4.       <ion-toolbar>
5.         <ion-title>Menu</ion-title>
6.       </ion-toolbar>
7.     </ion-header>
8.   </ion-menu>
9.
10.   <ion-nav [root]="root" main #mycontent></ion-nav>
11. </ion-split-pane>
```

上面这个例子包含了两个部分：一是左侧的菜单栏（第 2 行 ~ 第 8 行）；二是右侧的主体部分，主体部分需要使用 main 指令进行标注（第 10 行）。在大屏幕平板电脑上会一直显示左侧的菜单，在小屏幕手机上则需要手动打开菜单，这也是分裂板的一个典型使用场景。

区分大屏幕与小屏幕需要一个阈值，这个阈值代表了屏幕宽度，默认是 768px，也可以手动进行定制，代码如下所示：

```
<ion-split-pane when="(min-width：475px)">
<ion-split-pane when="lg">
<ion-split-pane [when]="isLarge">
<ion-split-pane [when]="shouldShow()">
```

以上是阈值设定的几种形式，既可以直接指定阈值宽度，也可以使用 Ionic3 中的预设宽度（参考 6.8.2 节中的表 6－9），还支持绑定一个 boolean 变量或返回值为 boolean 类型的函数。

分裂板的输入属性如表 6－16 所示，分裂板的输出事件如表 6－17 所示。

表 6－16 分裂板的输入属性

属性	类型	描述
enabled	boolean	如果为 false，则侧边栏（非主体部分）将永远不会显示，默认为 true
when	string | boolean	分裂板切换显示模式的阈值

表 6－17 分裂板的输出事件

事件	描述
ionChange	当分裂板显示模式切换时触发

第 7 章

Ionic3 列表相关控件

7.1 列表（List）

列表被封装为 Angular4 组件，引用方式如下所示：

```
<ion-list></ion-list>
```

7.1.1 普通列表

普通列表是指列表项之间带有分隔线的列表（Windows 除外），如图 7-1 所示。

普通列表的代码如下所示：

```
<ion-list>
  <button ion-item *ngFor="let item of items"
```

```
    (click) = "itemSelected(item)" >
            {{item}}
        </button>
    </ion-list>
```

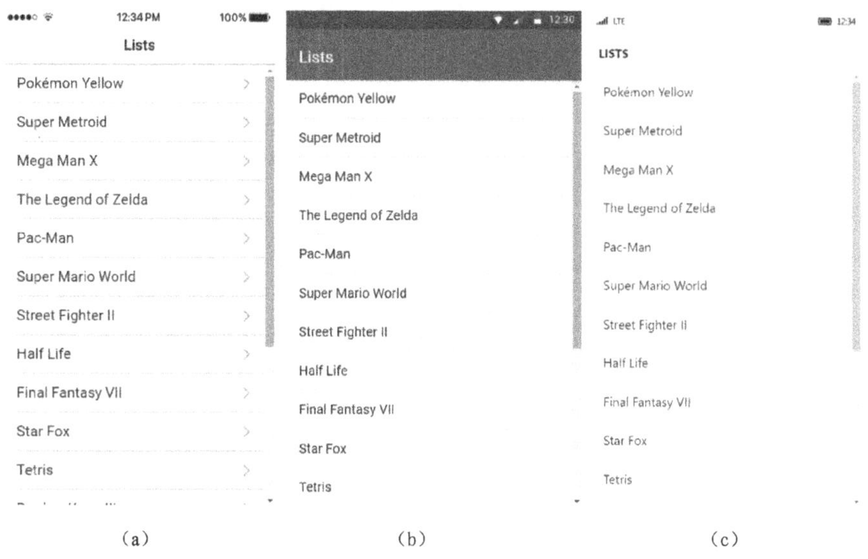

(a)　　(b)　　(c)

图 7-1　普通列表

(a) iOS; (b) Android; (c) Windows

由于列表的作用是将相似的条目逐行输出，因此需要使用 ngFor 指令，这是 Angular4 中用来迭代数据的指令，读者如果对 ngFor 指令感到陌生，请复习 5.8.5 节中的相关内容。

列表项是带有 ion-item 指令的标签，也可以是 <ion-item> 标签本身，本书将在后续章节详细介绍条目（Item）的相关知识。

7.1.2　无线列表

无线列表是列表项之间不带分隔线的列表，如图 7-2 所示。

无线列表需要加入 no-lines 指令，代码如下所示：

```
    <ion-list no-lines>
        <button ion-item *ngFor = "let item of items"
    (click) = "itemSelected(item)" >
```

```
        {{item}}
      < /button >
    < /ion - list >
```

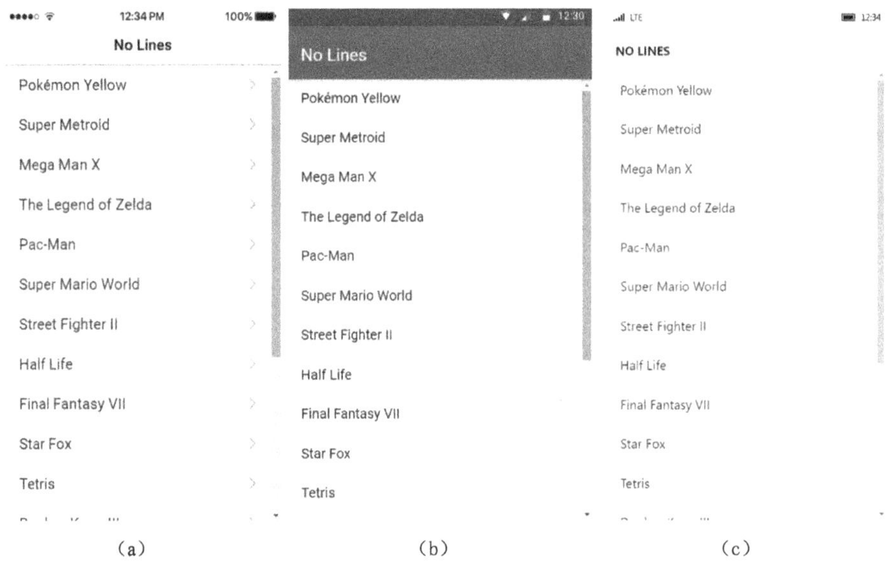

图 7 - 2　无线列表

(a) iOS; (b) Android; (c) Windows

7.1.3　内联列表

内联列表是带有外边距的列表，如图 7 - 3 所示。

内联列表需要加入 inset 指令，代码如下所示：

```
    < ion - list inset >
        < button ion - item * ngFor = " let item of items "
  (click) = "itemSelected(item)" >
          {{item}}
        < /button >
    < /ion - list >
```

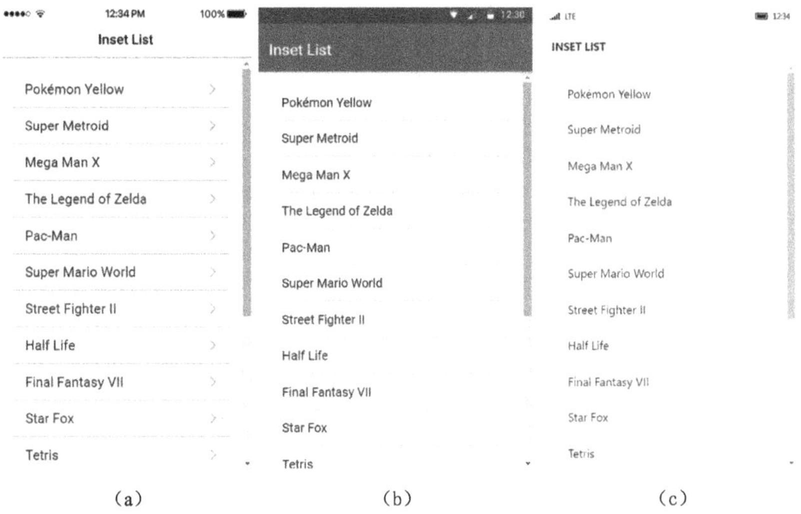

（a） （b） （c）

图7-3 内联列表

（a）iOS；（b）Android；（c）Windows

7.1.4 分组列表

分组列表中含有子列表，常用来实现 App 中的通信录页面，如图7-4所示。

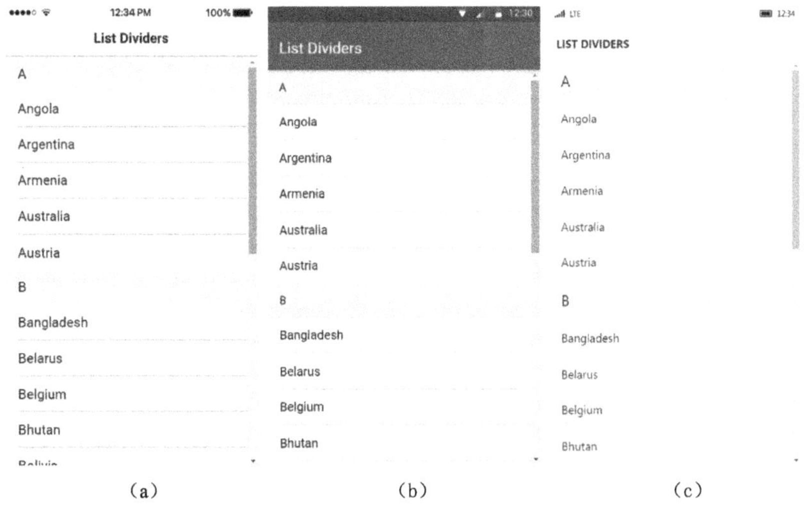

（a） （b） （c）

图7-4 分组列表

（a）iOS；（b）Android；（c）Windows

分组列表的代码如下所示：

```
<ion-item-group>
    <ion-item-divider color="light">A</ion-item-divider>
    <ion-item>Angola</ion-item>
    <ion-item>Argentina</ion-item>
</ion-item-group>
```

实际上，分组列表中并不存在 <ion - list> 标签，取而代之的是 <ion - item - group> 标签。每一个分组都以 <ion - item - divider> 标签作为起始部分，后续是由 <ion - item> 标签组成的子列表项。

7.1.5　列表头

列表头是列表项前面的标题部分，与分组列表有些相似，如图 7 - 5 所示。

列表头通过 <ion - list - header> 标签实现，代码如下所示：

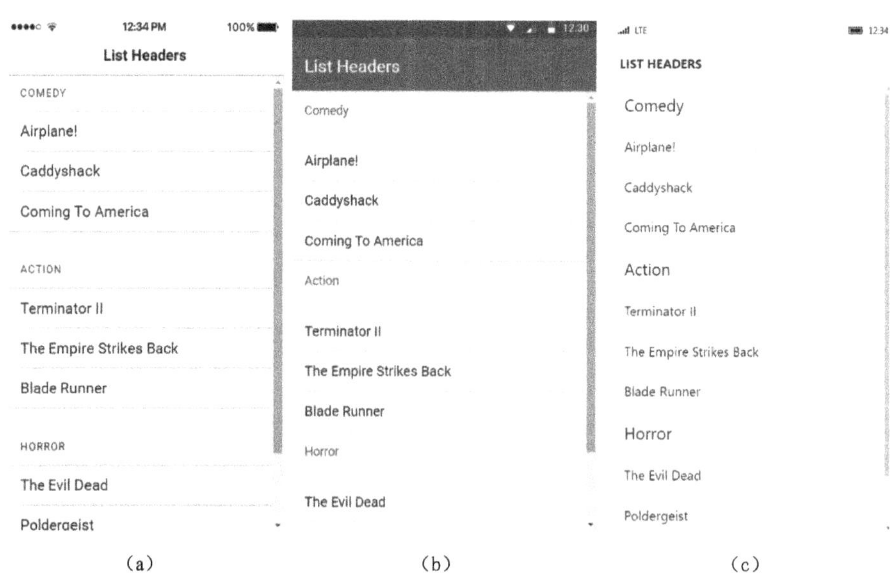

(a)　(b)　(c)

图 7 - 5　列表头

(a) iOS；(b) Android；(c) Windows

```
<ion-list>
  <ion-list-header>Action</ion-list-header>
  <ion-item>Terminator II</ion-item>
  <ion-item>The Empire Strikes Back</ion-item>
  <ion-item>Blade Runner</ion-item>
</ion-list>
```

7.2 条目（Item）

条目被封装为 Angular4 组件，引用方式如下所示：

```
<ion-item></ion-item>
```

条目也被封装为 Angular4 指令，引用方式如下所示：

```
<button ion-item></button>
```

这两种引用方式并没有太大的区别，<button ion-item>可以触发单击事件，并且会在单击时形成视觉反馈，因此用户体验更好一些。

7.2.1 布局位置

条目中存在较多内容时，需要进行相应的布局操作，Ionic3 提供了一些简单的指令，可以帮助人们快速完成布局操作，如表 7-1 所示。

综合运用这些指令，完成的布局如图 7-6 所示。

表 7-1 条目的布局位置

指令	描述
item-start	放置在所有元素的左侧，条目的外部
item-end	放置在所有元素的右侧，条目的内部，输入框的外部
item-content	放置在任何<ion-label>标签的右侧，输入框的内部

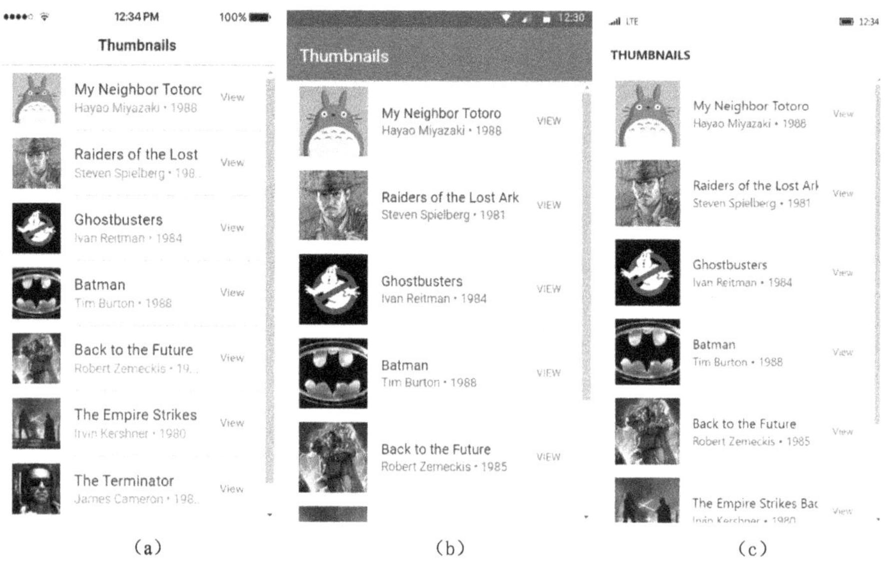

图 7-6 条目的布局位置

(a) iOS; (b) Android; (c) Windows

相关代码如下所示：

```
1.    <ion-list>
2.      <ion-item>
3.        <ion-thumbnail item-start>
4.          <img src="img/thumbnail-totoro.png">
5.        </ion-thumbnail>
6.        <h2>My Neighbor Totoro</h2>
7.        <p>Hayao Miyazaki • 1988</p>
8.        <button ion-button clear item-end>View</
  button>
9.      </ion-item>
10.   </ion-list>
```

在这段代码中，item-start 指令使 <ion-thumbnail> 居左对齐（第 3 行），并且放置在条目的外部（没有被列表分隔线包裹），item-end 指令使 <button> 居右对齐（第 8 行），并且放置在条目的内部（被列表分隔线包裹）。

7.2.2　滑动条目

滑动条目是可以左、右滑动的条目，滑动之后会展现出预先被隐藏的菜单按钮，如图 7－7 所示。

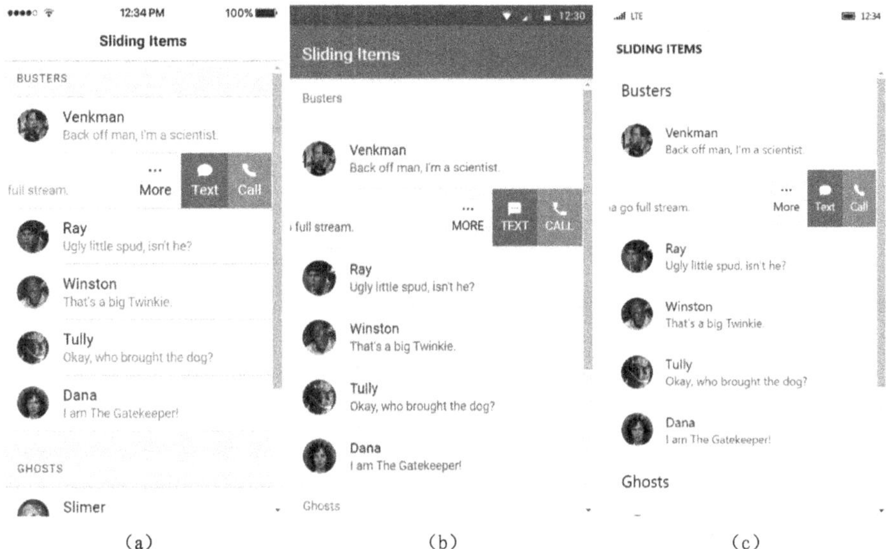

图 7－7　滑动条目

（a）iOS；（b）Android；（c）Windows

滑动条目的代码如下所示：

```
<ion-list>
  <ion-item-sliding>
    <ion-item>
      <ion-avatar item-start>
        <img src="img/slimer.png">
      </ion-avatar>
      <h2>Slimer</h2>
    </ion-item>
    <ion-item-options side="left">
      <button ion-button color="primary">
      <ion-icon name="text"></ion-icon>
```

```
12.             Text
13.           </button>
14.           <button ion-button color="secondary">
15.             <ion-icon name="call"></ion-icon>
16.             Call
17.           </button>
18.         </ion-item-options>
19.       </ion-item-sliding>
20.     </ion-list>
```

首先在需要滑动条目的外层包裹 <ion-item-sliding> 标签（第 2 行～第 19 行），之后在与 <ion-item> 标签并列处添加 <ion-item-options> 标签（第 9 行～第 18 行），其 side 属性可以设置滑动的方向，因此可以同时存在左滑和右滑两组标签。

<ion-item-options> 标签内部是一个个菜单按钮，可以通过监听其单击事件处理相应的业务逻辑，也可以通过在按钮上添加 expandable 指令实现滑动到底自动触发按钮的单击事件，代码如下所示：

```
<ion-item-options>
    <button ion-button expandable (click)="delete(item)">Delete</button>
</ion-item-options>
```

关于滑动条目的更多高级用法，读者可以参考 Ionic3 的官方文档自行学习。

7.2.3 重排序

条目支持重排序，即通过拖动条目改变其在列表中的顺序，此时每个条目上都会出现拖动把手，如图 7-8 所示。

<ion-list> 标签以及 <ion-item-group> 标签均支持重排序，需要添加 reorder 属性并置为 true，代码如下所示：

```
<ion-list reorder="true">
    <ion-item *ngFor="let item of items">{{item}}</ion-item>
</ion-list>
```

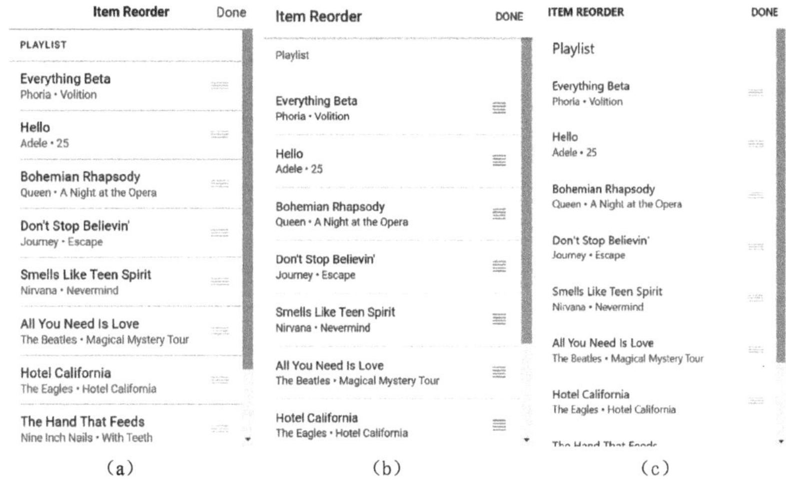

(a)　(b)　(c)

图 7-8　重排序

(a) iOS；(b) Android；(c) Windows

需要注意的是，只有存在 reorder 属性时才会显示拖动把手并支持重排序，因此应当将其变为单向数据绑定的形式，即通过一个开关来控制普通模式与可重排序模式之间的切换。

当完成某一条目的拖动后，会触发 ionItemReorder 事件，并传递一个 $event 参数（第 3 行），代码如下所示：

```
1.  <ion-list>
2.    <ion-list-header>Header</ion-list-header>
3.    <ion-item-group reorder="true" (ion-ItemReorder)="reorderItems($event)">
4.      <ion-item *ngFor="let item of items">{{item}}</ion-item>
5.    </ion-item-group>
6.  </ion-list>
```

在相应的 TypeScript 文件中需要处理相关的业务逻辑，代码如下所示：

```
reorderItems(indexes){
  let element = this.items[indexes.from];
  this.items.splice(indexes.from, 1);
  this.items.splice(indexes.to, 0, element);
}
```

该函数接收的 indexes 参数就是之前传递的 $event 参数，这个参数包含两个属性：from 属性，代表条目的原始位置；to 属性，代表重排序后的新位置。如果只是简单地改变条目的位置，那么 Ionic3 还提供了另外一种简便的写法，代码如下所示：

```
<ion-item-group reorder="true" (ionItemReorder)="$event.applyTo(items)">
<ion-item *ngFor="let item of items">{{item}}</ion-item>
</ion-item-group>
```

这种写法可以省略 TypeScript 中的代码，一切都在 HTML 中自动完成，其缺点是不会暴露 from 属性和 to 属性，无法实现定制化的功能。

7.2.4 其他

在 iOS 中，条目默认会在最右侧存在一个小箭头，但在 Android 以及 Windows 中并不存在这样的默认样式，不过可以通过相应的指令进行统一控制，代码如下所示：

```
<ion-item detail-push>
  Item with Detail Arrow
</ion-item>

<a ion-item detail-none href="https://www.ionicframework.com">
  Anchor Item with no Detail Arrow
</a>
```

detail - push 指令可以显示条目右侧的小箭头，detail - none 指令可以隐藏条目右侧的小箭头，这两个指令都将无视具体的移动平台。除此之外，还可以在 Ionic3 的主题样式中进行全局配置，详见 10.7.4 节。

在默认情况下，条目中的文字不会换行，超过 1 行的部分将会被自动截断并显示为省略号，如果需要显示全部文字，则需要手动添加 text - wrap 指令。

7.3　注释（Note）

注释被封装为 Angular4 组件，其引用方式如下所示：

```
<ion-note></ion-note>
```

注释是条目中的辅助提示信息，默认会被置为灰色，并被放置在条目中的最左侧或最右侧，如图 7－9 所示。

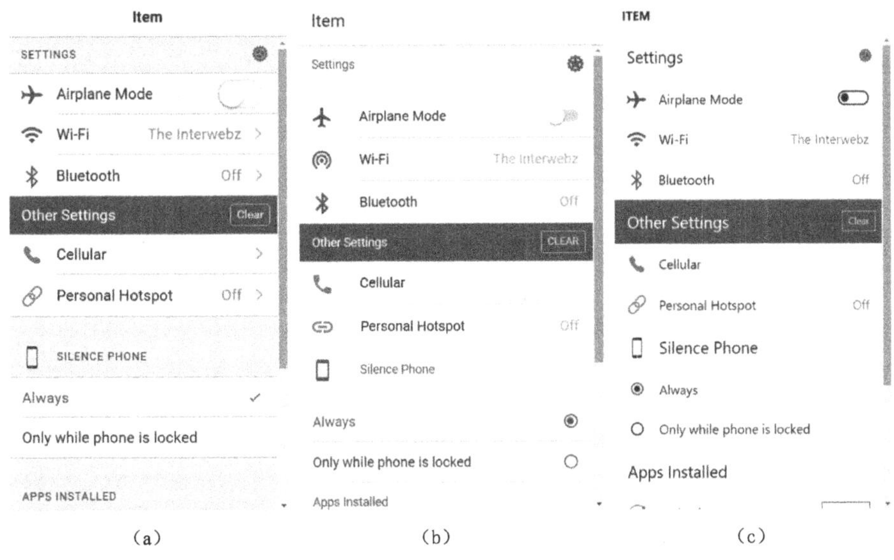

（a）　（b）　（c）

图 7－9　注释

（a）iOS；（b）Android；（c）Windows

注释的代码如下所示：

```
<ion-item>
   <ion-note item-start>Left Note</ion-note>
  My Item
   <ion-note item-end>Right Note</ion-note>
</ion-item>
```

7.4 下拉刷新（Refresher）

下拉刷新被封装为 Angular4 组件，其引用方式如下所示：

```
<ion-refresher>
    <ion-refresher-content></ion-refresher-content>
</ion-refresher>
```

下拉刷新是列表中常见的交互操作，用来重新拉取整个列表数据，如图 7 - 10 所示。

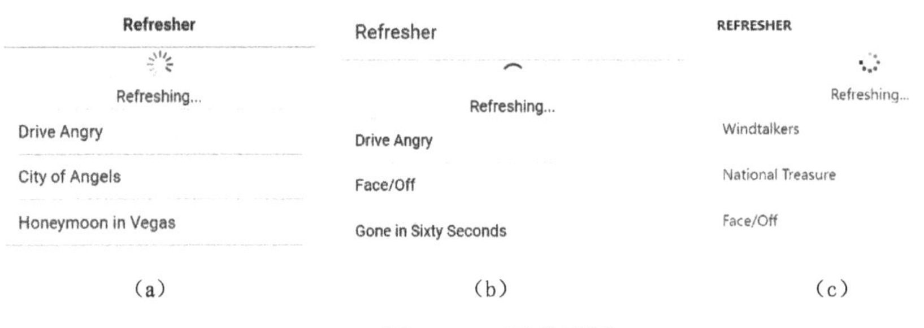

图 7 - 10 下拉刷新

(a) iOS；(b) Android；(c) Windows

<ion-refresher>标签必须是<ion-content>标签下的第一个子元素，因为只有这样 Ionic3 才能自动监听并处理相应的滚动事件。同时，这也意味着下拉刷新并不一定非要与列表搭配，任何页面都可以实现下拉刷新逻辑，只是包含列表的页面更常见而已。

下拉刷新的代码如下所示：

```
<ion-content>
  <ion-refresher(ionRefresh)="doRefresh($event)">
    <ion-refresher-content
      pullingIcon="arrow-dropdown"
      pullingText="Pull to refresh"
      refreshingSpinner="circles"
      refreshingText="Refreshing...">
```

```
8.        </ion-refresher-content>
9.      </ion-refresher>
10.   </ion-content>
```

<ion-refresher-content>标签是下拉刷新时的加载界面（第 3 行~第 8 行），可以对其进行定制，相关属性如表 7-2 所示。

表 7-2　下拉刷新加载界面输入属性

属性	类型	描述
pullingIcon	string	下拉时的箭头图标
pullingText	string	下拉时的提示文字，即在下拉过程中还未触发刷新操作时的文字信息
refreshingSpinner	string	刷新时的加载图标，也就是转圈圈的那个小东西
refreshingText	string	刷新时的提示文字，即在触发了刷新操作时的文字信息

以上属性都是可选的，当缺省时将根据运行时的移动平台由 Ionic3 自行决定，建议读者只将文字信息修改为中文。

当触发刷新操作时将触发 ionRefresh 事件，调用 doRefresh( )函数并传入 $event 参数（第 2 行），在页面对应的 TypeScript 类中进行处理，代码如下所示：

```
@Component({...})
export class NewsFeedPage {

  doRefresh(refresher){
    console.log('Begin async operation', refresher);

    setTimeout(() => {
      console.log('Async operation has ended');
      refresher.complete();
    }, 2000);
  }
}
```

doRefresh( )函数的参数 refresher 是对下拉刷新的引用（第 4 行），当刷新操作结束后必须手动调用 complete( )函数（第 9 行），否则加载界面将不会自动消失。这个例子中通过延时两秒模拟了一个耗时网络请求，在实际情况下可以通过 Angular4 的网络服务发起真实网络请求，建议复习 5. 9. 4 节中的内容。

下拉刷新的常用 API 如下所示：

（1） cancel( )：void 函数，取消当前的下拉刷新操作，使加载界面消失。

（2） complete( )：void 函数，完成当前的下拉刷新操作，使加载界面消失。

（3） startY：number 属性，下拉开始时的 Y 坐标值。

（4） currentY：number 属性，当前触摸事件的 Y 坐标值。

（5） deltaY：number 属性，下拉开始时的 Y 坐标与当前触摸事件的 Y 坐标之间的差值。

（6） progress：number 属性，数字 0 代表用户还没有进行任何下拉操作，数字大于等于 1 代表用户已经下拉了足够远的距离，可以触发刷新操作，数字小于 1 代表距离未达到阈值，松手后下拉将回弹而不触发任何操作。

下拉刷新的输入属性如表 7 – 3 所示，下拉刷新的输出事件如表 7 – 4 所示。

表 7 – 3　下拉刷新的输入属性

属性	类型	描述
closeDuration	number	关闭下拉刷新需要的时间（单位：ms），即加载界面消失的时间，默认值为 280
enabled	boolean	下拉刷新是否可用，默认为 true
pullMax	number	下拉时最远能拉动的距离，超过之后即便用户不松手，也将自动触发刷新操作，默认为 pullMin + 60
pullMin	number	下拉时至少需要拉动的距离，否则用户松手后下拉将回弹，默认值为 60
snapbackDuration	number	下拉刷新回弹需要的时间（单位：ms），默认值为 280

表7－4 下拉刷新的输出事件

事件	描述
ionStart	开始下拉时触发
ionPull	处于下拉过程中时触发
ionRefresh	刷新操作被触发时触发

7.5 上拉加载（InfiniteScroll）

上拉加载被封装为 Angular4 组件，引用方式如下所示：

```
<ion-infinite-scroll>
    <ion-infinite-scroll-content></ion-infinite-scroll-content>
</ion-infinite-scroll>
```

上拉加载也是列表中常见的交互操作，用来触底时拉取更多数据，如图7－11所示。

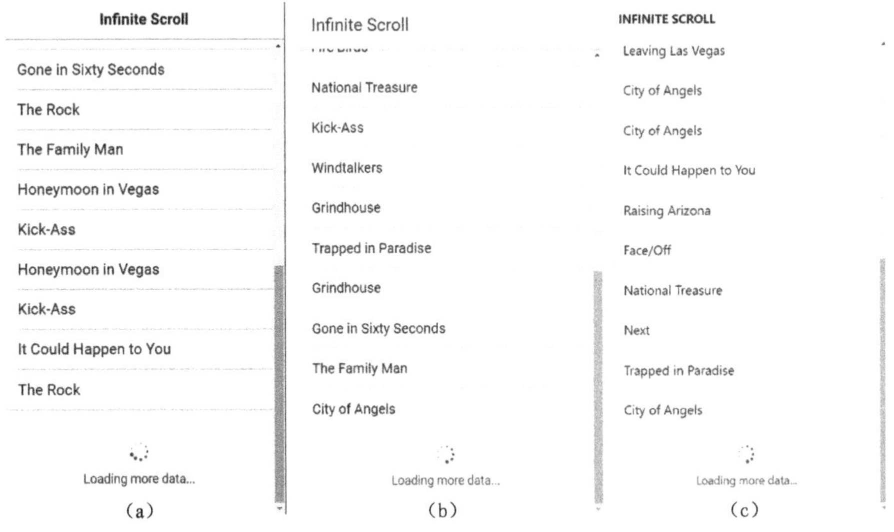

图7－11 上拉加载

（a）iOS；（b）Android；（c）Windows

<ion-infinite-scroll>标签也需要放置在<ion-content>标签下，代码如下所示：

```
1.    <ion-content>
2.        <ion-infinite-scroll (ionInfinite) = "doInfinite($event)">
3.            <ion-infinite-scroll-content
4.              loadingSpinner = "bubbles"
5.              loadingText = "Loading more data..." >
6.            </ion-infinite-scroll-content>
7.        </ion-infinite-scroll>
8.    </ion-content>
```

<ion-infinite-scroll-content>标签是上拉加载时的加载界面（第3行~第6行），可以对其进行定制，相关属性如表7-5所示。

表7-5 上拉加载界面的输入属性

属性	类型	描述
loadingSpinner	string	加载时的加载图标，也就是转圈圈的那个小东西
loadingText	string	加载时的提示文字

以上属性都是可选的，当缺省时将根据运行时的移动平台由 Ionic3 自行决定，建议读者只将文字信息修改为中文。

当触发加载操作时将触发 ionInfinite 事件，调用 doInfinite()函数并传入 $event 参数（第2行），在页面对应的 TypeScript 类中进行处理。上拉加载与下拉刷新的处理逻辑比较相似，此处不再赘述。

上拉加载的常用 API 如下：

（1）complete()：void 函数，完成当前的上拉加载操作，使加载界面消失。

（2）enable(shouldEnable)：void 函数，设置上拉加载的启用状态，should-Enable 是 boolean 参数，当已知没有更多数据时应当手动调用这个函数禁用上拉加载。

上拉加载的输入属性如表7-6所示，上拉加载的输出事件如表7-7所示。

表 7－6　上拉加载的输入属性

属性	类型	描述
enabled	boolean	上拉加载是否可用，默认为 true
position	string	上拉加载的触发位置，可以是 top、bottom，默认为 bottom
threshold	string	触发上拉加载的距离阈值，即滑动的距离，这个值既可以是百分比，也可以是具体像素值，默认为 15%

表 7－7　上拉加载的输出事件

事件	描述
ionInfinite	加载操作被触发时触发

7.6　虚拟滚动（VirtualScroll）

当列表中存在大量数据时，一次性加载全部数据会导致繁重的列表项渲染工作，这会引发一定的性能问题。虚拟滚动是 Ionic3 提供的一种解决方案，其具备局部渲染的特性，即并非一次性渲染全部列表项，而是在列表的滚动过程中动态渲染界面上可见的部分。

然而，笔者并不推荐读者使用虚拟滚动，一方面是因为完全可以通过上拉加载实现数据分页，毕竟上拉加载已经是 App 开发中非常成熟的技术方案；另一方面是因为笔者在实际的使用过程中发现虚拟滚动并不是很稳定，经常会遇到一些奇怪的缺陷，因此还是建议读者使用上拉加载。

本书不对虚拟滚动进行讲解，读者可以参考 Ionic3 的官方文档自行学习。

第8章 Ionic3 弹出层控件

8.1 动作菜单（Action Sheet）

动作菜单被封装为 Angular4 服务，引用方式如下所示：

```
import {ActionSheetController} from 'ionic-angular'
```

动作菜单是一种从页面底部弹出的菜单，包含一系列操作按钮，如图 8-1 所示。当动作菜单处于激活状态时，会覆盖在整个页面的最上层，页面的其他部分都会变暗，用户必须手动取消动作菜单后，才能与页面的其他部分进行交互。

每个按钮都可以指定名称与图标，并且按钮分为三种类型——普通操作、破坏性操作、取消操作，其中破坏性操作只在 iOS 上会被特殊标记为红色，取消操作则永远都会被放置在按钮组中的最后一个。

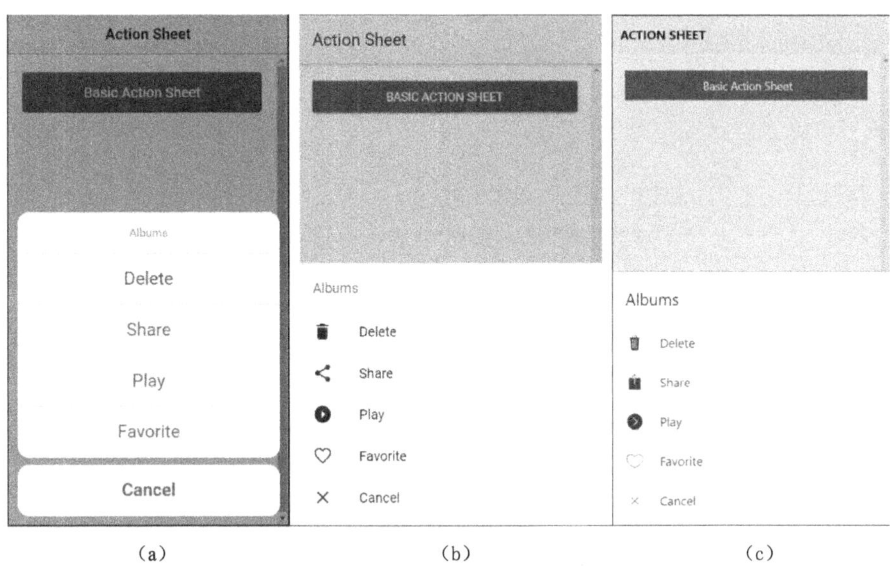

(a)　(b)　(c)

图 8－1　动作菜单

(a) iOS; (b) Android; (c) Windows

在任何页面引用动作菜单时，都应当先将其依赖注入（第 5 行），之后再调用 create( )函数完成菜单的创建工作（第 8 行），代码如下所示：

```
1.  import{ActionSheetController}from 'ionic-angular'
2.
3.  export class MyClass{
4.
5.   constructor(public actionSheetCtrl:ActionSheetController){}
6.
7.   presentActionSheet(){
8.     let actionSheet =this.actionSheetCtrl.create({
9.      title:'Modify your album',
10.     buttons:[
11.       {
12.         text:'Destructive',
13.         role:'destructive',
14.         handler:() =>{
```

```
              console.log('Destructive clicked');
            }
          },
          {
            text:'Archive',
            handler:() => {
              console.log('Archive clicked');
            }
          },
          {
            text:'Cancel',
            role:'cancel',
            handler:() => {
              console.log('Cancel clicked');
            }
          }
        ]
      });

      actionSheet.present();
    }
  }
```

create( )函数接收一个对象，相关属性如表 8 – 1 所示。

表 8 – 1 动作菜单创建属性

属性	类型	描述
title	string	动作菜单标题
subTitle	string	动作菜单副标题
cssClass	string	自定义 CSS 类，用空格分隔
enableBackdropDismiss	boolean	单击背景时是否隐藏动作菜单
buttons	Array < any >	动作菜单按钮数组

按钮的定义需要传入一个数组，数组中的每个成员对应一个具体的按钮，相关属性如表 8 – 2 所示。

表 8－2 动作菜单按钮属性

属性	类型	描述
text	string	按钮名称
icon	icon	按钮图标
handler	any	按钮触发的函数
cssClass	string	自定义 CSS 类，用空格分隔
role	string	按钮角色，destructive 为破坏性操作，cancel 为取消操作，不指定时默认为普通操作

在动作菜单创建完成后，不要忘记调用 present( )函数进行展示（第 34 行），这样用户才能在界面上看到激活的动作菜单。

8.2 对话框（Alert）

对话框被封装为 Angular4 服务，引用方式如下所示：

```
import {AlertController} from 'ionic-angular';
```

8.2.1 基本对话框

基本对话框负责通知用户一些信息，告知用户当前应用的状态，如图 8－2 所示。

不论是哪种类型的对话框，都应当先将对话框服务依赖注入（第 4 行），之后再调用 create( )函数完成对话框的创建工作（第 7 行）。以创建基本对话框为例，代码如下所示：

```
1.  import{AlertController}from'ionic-angular';
2.
3.  export class MyPage {
4.    constructor(public alertCtrl:AlertCont-roller){}
5.
6.    showAlert(){
```

```
        let alert = this.alertCtrl.create({
          title:'New Friend! ',
            subTitle:' Your friend, Obi wan Kenobi, just accepted your friend request! ',
          buttons:['OK']
        });
        alert.present();
      }
    }
```

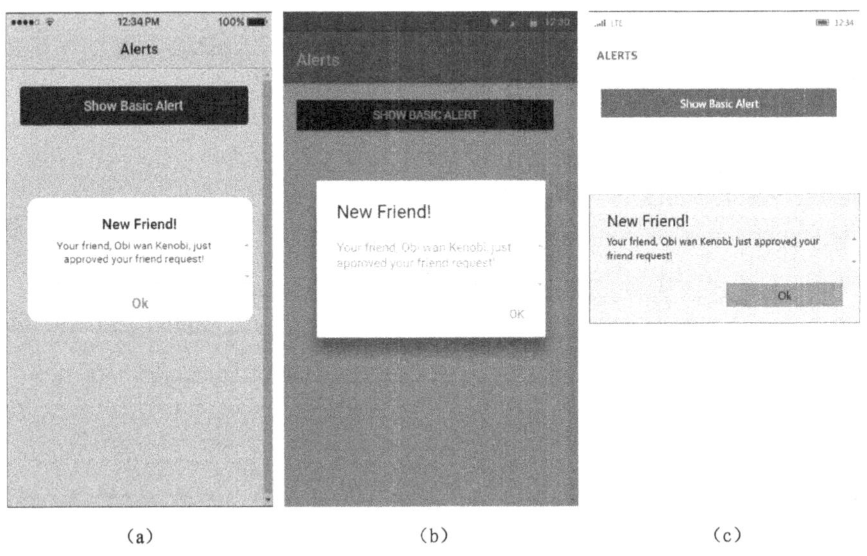

(a) (b) (c)

图 8－2 基本对话框

(a) iOS；(b) Android；(c) Windows

create( )函数接收一个对象，相关属性如表 8－3 所示。

表 8－3 对话框创建属性

属性	类型	描述
title	string	对话框菜单标题
subTitle	string	对话框副标题
message	string	对话框内容
cssClass	string	自定义 CSS 类，用空格分隔

续表

属性	类型	描述
inputs	Array	对话框输入框数组
buttons	Array	对话框按钮数组
enableBackdropDismiss	boolean	单击背景时是否隐藏对话框，默认为 true

最后通过调用 present( )函数进行展示（第 12 行），使对话框对用户可见。

8.2.2　输入对话框

输入对话框具备获取用户输入信息的功能，可以存在多个输入框，如图 8－3 所示。

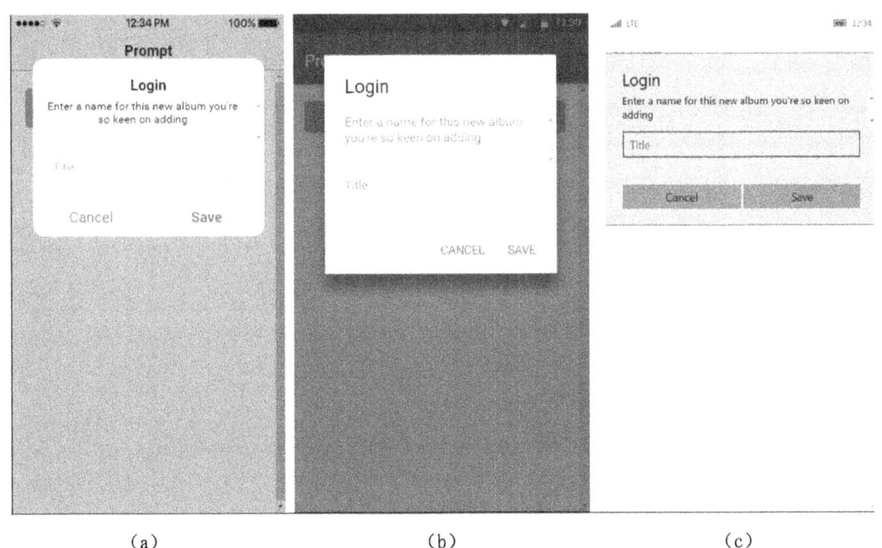

（a）　（b）　（c）

图 8－3　输入对话框

（a）iOS；（b）Android；（c）Windows

输入对话框与基本对话框的创建过程大同小异，代码如下所示：

```
import{AlertController}from'ionic-angular';

export class MyPage {
```

```
    constructor(public alertCtrl:AlertController){}

    showPrompt(){
      let prompt = this.alertCtrl.create({
        title:'Login',
         message:"Enter a name for this new album you're so keen on adding",
          inputs:[
            {
              name:'title',
              placeholder:'Title'
            },
          ],
        buttons:[
            {
              text:'Cancel',
              handler:data =>{
                console.log('Cancel clicked');
              }
            },
            {
              text:'Save',
              handler:data =>{
                console.log('Saved clicked');
              }
            }
          ]
      });
      prompt.present();
    }
  }
```

create( )函数接收的对象中需要传入额外的 inputs 数组，数组中的每个成员对应一个输入对话框，相关属性如表 8 - 4 所示。

表 8－4　输入对话框的属性

属性	类型	描述
type	string	输入框类型，例如 text、tel、number 等
name	string	输入框名称
placeholder	string	输入框提示文字（仅文本类型）
value	string	输入框值
label	string	输入框标签（仅单选多选类型）
checked	boolean	输入框是否被选中
id	string	输入框 id

buttons 数组也变得复杂了一些，数组中的每个成员对应一个按钮，相关属性如表 8－5 所示。

表 8－5　对话框按钮的属性

属性	类型	描述
text	string	按钮名称
handler	any	按钮触发的函数
cssClass	string	自定义 CSS 类，用空格分隔
role	string	按钮角色，为 null 或者 cancel

8.2.3　确认对话框

确认对话框用来进行二次确认，一般在比较重要的操作之前弹出，如图 8－4 所示。

确认对话框的代码如下所示：

```
import{AlertController}from'ionic-angular';

export class MyPage {
  constructor(public alertCtrl:AlertCont-roller){}

  showConfirm(){
    let confirm=this.alertCtrl.create({
      title:'Use this lightsaber? ',
      message:'Do you agree to use this lightsaber to do good across the intergalactic galaxy? ',
```

```
        buttons:[
          {
            text:'Disagree',
            handler:() =>{
              console.log('Disagree clicked');
            }
          },
          {
            text:'Agree',
            handler:() =>{
              console.log('Agree clicked');
            }
          }
        ]
      });
      confirm.present();
    }
  }
```

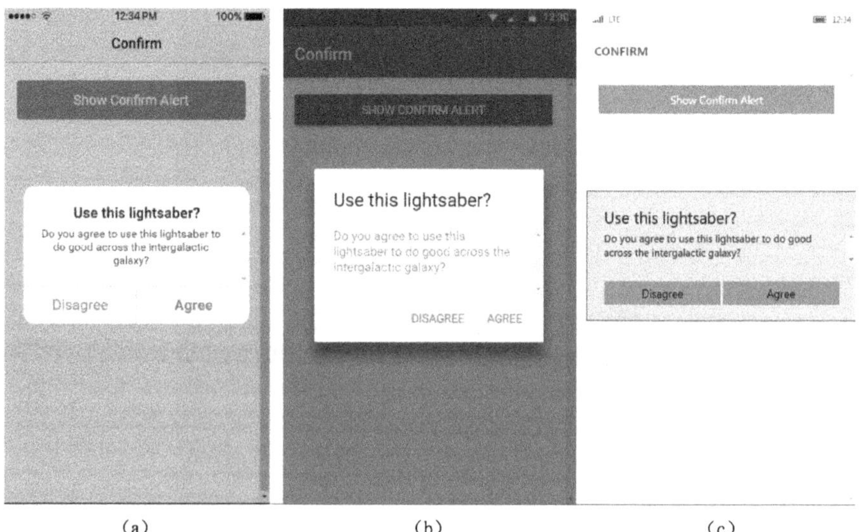

(a)　(b)　(c)

图 8-4　确认对话框

(a) iOS；(b) Android；(c) Windows

8.2.4　单选对话框

单选对话框以列表的形式进行展现，用户只能选择其中一项，如图8-5所示。

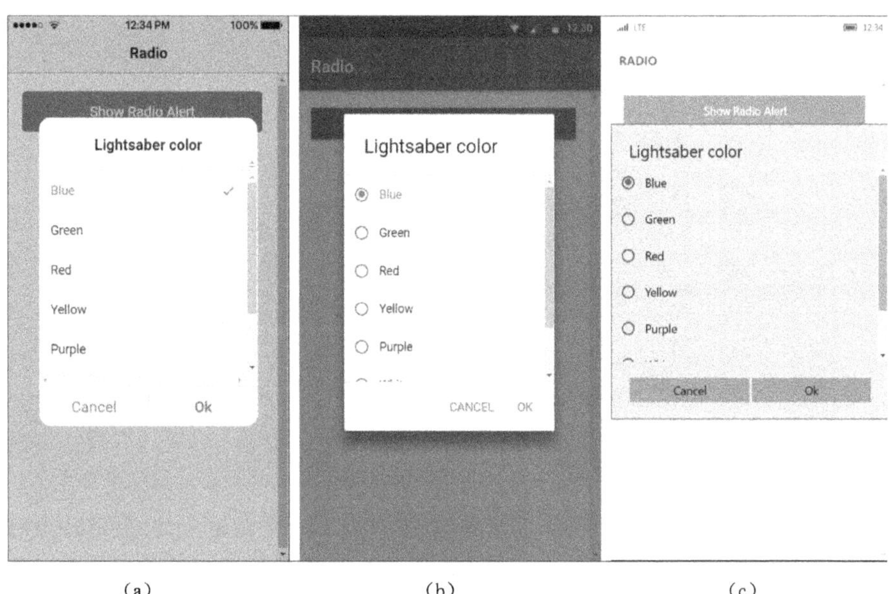

(a)　(b)　(c)

图8-5　单选对话框

(a) iOS；(b) Android；(c) Windows

单选对话框的代码如下所示：

```
import{AlertController}from'ionic-angular';

export class MyPage {
  constructor(public alertCtrl:AlertController){}

  showRadio(){
    let alert = this.alertCtrl.create();
    alert.setTitle('Lightsaber color');

     alert.addInput({
```

```
11.         type:'radio',
12.         label:'Blue',
13.         value:'blue',
14.         checked:true
15.       });
16.
17.       alert.addButton('Cancel');
18.       alert.addButton({
19.         text:'OK',
20.         handler:data => {
21.           this.testRadioOpen = false;
22.           this.testRadioResult = data;
23.         }
24.       });
25.       alert.present();
26.     }
27.   }
```

在这个例子中换了一种对话框的创建方式，调用 create( )函数时并没有传入任何参数对象（第 7 行），而是在创建之后再调用相应的函数。两种不同的创建方式并没有本质区别，具体使用哪种取决于读者的个人喜好。

单选对话框与输入对话框有一定的相似之处，只是输入框的类型为单选输入框，其定义方式与传统 HTML 中的 <input> 标签属性基本一致。在处理按钮的点击事件时，handler 后面的函数可以带有一个 data 参数（第 20 行），进而获取被选中的选项。

8.2.5　复选对话框

复选对话框以列表的形式进行展现，用户可以选择其中的多项，如图 8－6 所示。

复选对话框的代码如下所示：

```
import {AlertController} from 'ionic-angular';

export class MyPage {
```

```
  constructor(public alertCtrl:AlertCont-roller){
  }

  showCheckbox(){
    let alert = this.alertCtrl.create();
    alert.setTitle('Which planets have you visited?');

     alert.addInput({
       type:'checkbox',
       label:'Alderaan',
       value:'value1',
       checked:true
     });

     alert.addInput({
       type:'checkbox',
       label:'Bespin',
       value:'value2'
     });

     alert.addButton('Cancel');
     alert.addButton({
       text:'Okay',
       handler:data =>{
         console.log('Checkbox data:', data);
         this.testCheckboxOpen = false;
         this.testCheckboxResult = data;
       }
     });
     alert.present();
   }
 }
```

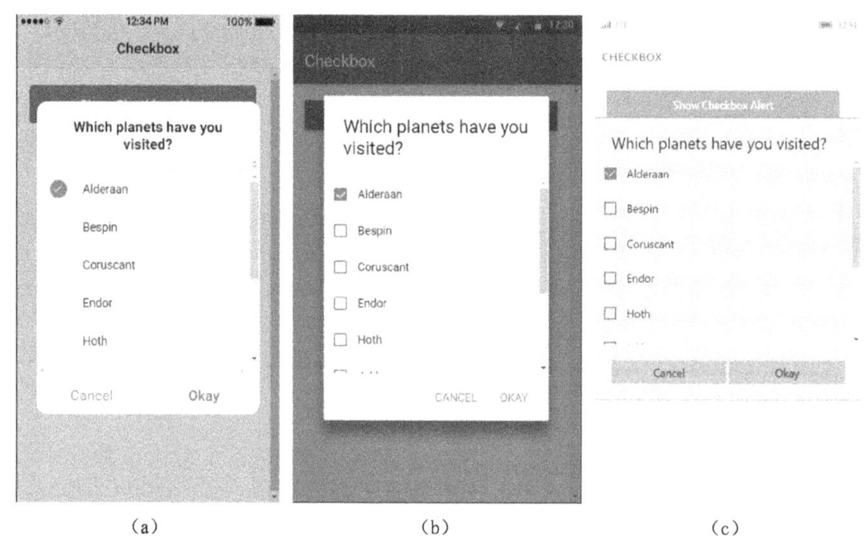

(a)　　(b)　　(c)

图 8－6　复选对话框

(a) iOS; (b) Android; (c) Windows

复选对话框与单选对话框非常相似，只是输入框的类型不同，在此不再赘述。

8.3　加载框（Loading）

加载框被封装为 Angular4 服务，引用方式如下所示：

```
import {LoadingController} from 'ionic-angular';
```

加载框一般被设计成 App 处理耗时任务时触发，以避免给用户造成 App 假死的错觉。当加载框被触发时，用户无法与页面的其他部分进行交互，这样也可以防止用户误操作，如图 8－7 所示。

在任何页面引用加载框时，都应当先将其依赖注入（第 4 行），之后再调用 create( )函数完成加载框的创建工作（第 7 行），代码如下所示：

```
1.    import{LoadingController}from'ionic-angular';
2.
3.    export class MyPage {
4.      constructor(public loadingCtrl:LoadingCont-roller){}
```

```

    presentLoading(){
      let loader = this.loadingCtrl.create({
        content:"Please wait...",
        duration:3000
      });
      loader.present();
    }
  }
```

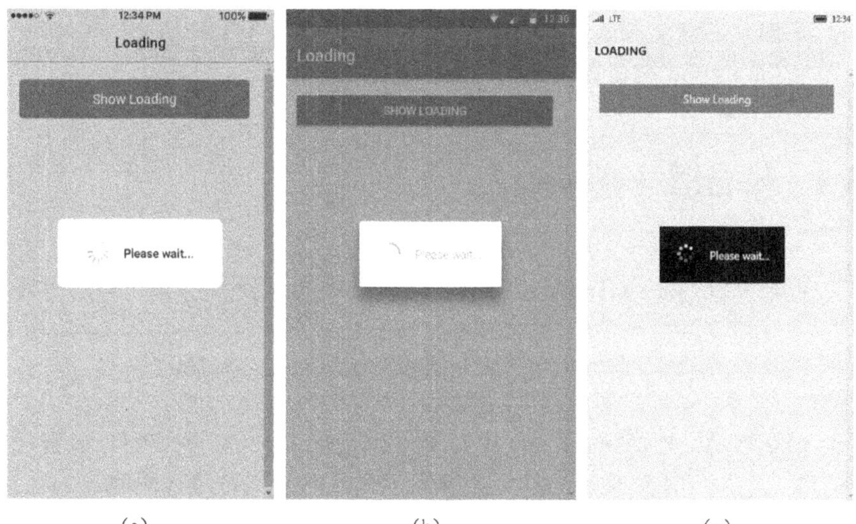

(a)　　(b)　　(c)

图 8 - 7　加载框

(a) iOS; (b) Android; (c) Windows

create( )函数接收一个对象，相关属性如表 8 - 6 所示。

表 8 - 6　加载框创建属性

属性	类型	描述
spinner	string	旋转 SVG 的名字（加载中的圆形图标样式）
content	string	加载框中自定义的 HTML 内容
cssClass	string	自定义 CSS 类，用空格分隔
showBackdrop	boolean	是否显示变暗的背景层，默认为 true

续表

属性	类型	描述
enableBackdropDismiss	boolean	单击背景时是否隐藏加载框，默认为 false
dismissOnPageChange	boolean	导航到新的页面时是否隐藏加载框，默认为 false
duration	number	自动隐藏加载框前的等待时间（单位：ms），默认不设置时，需手动调用 dismiss( )函数才能隐藏

在加载框创建完成后，不要忘记调用 present( )函数进行展示（第 11 行），这样用户才能在界面上看到激活的加载框。

8.4 模态框（Modal）

模态框被封装为 Angular4 服务，引用方式如下所示：

```
import {ModalController} from 'ionic-angular';
```

模态框是一种特殊的弹出层，占据了整个屏幕大小，内部可以放置任意一个页面。对于用户来说，其可能感知不到模态框与普通页面跳转的区别，对于开发者来说，模态框提供了一个临时的弹出页面，可定制化程度很高，可以处理对话框难以实现的复杂情景。

在任何页面引用模态框时，都应当先将其依赖注入（第 5 行），之后再调用 create( )函数完成模态框的创建工作（第 8 行），代码如下所示：

```
1.    import{ModalController}from'ionic-angular';
2.    import{ModalPage}from'./modal-page';
3.
4.    export class MyPage {
5.      constructor(public modalCtrl:ModalCont-roller){}
6.
7.      presentModal(){
8.        let modal =this.modalCtrl.create(ModalPage);
```

```
9.         modal.present();
10.      }
11.    }
```

create( )函数接收一个页面引用，这与普通的页面导航非常相似，之后不要忘记调用 present( )函数将模态框展示出来（第9行）。

由于模态框经常需要处理一些用户交互信息，因此需要实现外部与模态框之间的信息传递，代码如下所示：

```
import {Component} from '@angular/core';
import {ModalController, NavParams, ViewController} from 'ionic-angular';

@Component(...)
class HomePage {

constructor(public modalCtrl:ModalController){}

presentProfileModal(){
    let profileModal = this.modalCtrl.create(Profile,{userId:8675309});
    profileModal.onDidDismiss(data =>{
      console.log(data);
    });
    profileModal.present();
  }
  }

 @Component(...)
 class Profile {

   constructor (public viewCtrl: ViewController, public params:NavParams){
     console.log(params.get('userId'));
  }
```

```
24.
25.    dismiss(){
26.      let data = {'foo':'bar'};
27.      this.viewCtrl.dismiss(data);
28.    }
29.  }
```

在这个例子中存在两个类：HomePage 和 Profile，其中 HomePage 是父页面（第 5 行）；Profile 是模态框中弹出的子页面（第 19 行）。

在调用 create( )函数创建模态框时，额外传递了一个参数（第 10 行），实现了外部向模态框的信息传递，模态框中通过依赖注入 NavParams 并调用 get 方法即可获取相应的信息（第 22 行）。

在调用 dismiss( )函数关闭模态框时，可以选择传递一个参数（第 27 行），这样便可实现模态框向外部的信息传递，外部通过监听 onDidDismiss 事件即可获取相应的信息（第 11 行）。

实际上 create( )函数总共可以接收 3 个参数，如表 8－7 所示。

表 8－7　模态框创建参数

参数	类型	描述
component	object	模态框内部的页面引用
data	object	传递到模态框内部页面中的参数
opts	object	模态框附加选项

模态框附加选项也是一个对象，其相关属性如表 8－8 所示。

表 8－8　模态框附加属性

属性	类型	描述
cssClass	string	自定义 CSS 类，用空格分隔
showBackdrop	boolean	是否显示变暗的背景层，默认为 true
enableBackdropDismiss	boolean	单击背景时是否隐藏模态框，默认为 true

8.5　浮动框（Popover）

浮动框被封装为 Angular4 服务，引用方式如下所示：

```
import {PopoverController} from 'ionic-angular';
```

浮动框与模态框非常相似，内部都需要放置一个页面，区别在于浮动框并不会占满整个屏幕。浮动框主要用来给用户提供一些额外的工具选项，一般以列表的形式呈现，如图 8-8 所示。

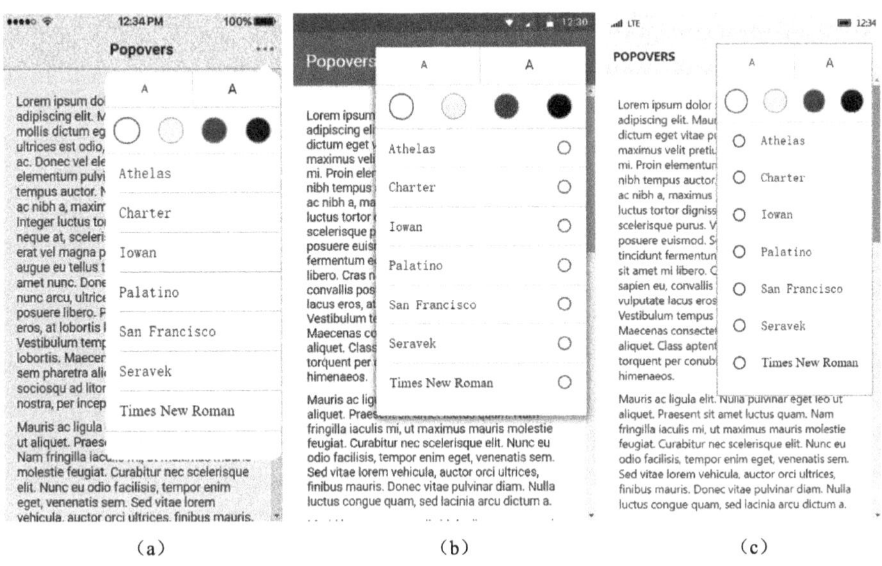

(a)　(b)　(c)

图 8-8　浮动框

(a) iOS; (b) Android; (c) Windows

在任何页面引用浮动框时，都应当先将其依赖注入（第 5 行），之后再调用 create( )函数完成浮动框的创建工作（第 8 行），代码如下所示：

```
1.  import{PopoverController}from'ionic-angular';
2.  import{MyPopOverPage}from'./my-pop-over';
3.
4.  export class MyPage {
5.    constructor(public popoverCtrl:PopoverCont-roller){}
6.
7.    presentPopover(){
8.      let popover = this.popoverCtrl.create(MyPop-
  OverPage);
```

```
9.        popover.present();
10.     }
11.   }
```

create( )函数同样可以接收 3 个参数，其使用方式与模态框完全一致，这 3 个参数都可以支持与外部进行信息交互，因此不再赘述。最后，不要忘记调用 present( )函数将浮动框展示出来（第 9 行）。

浮动框会默认显示在当前页面的正中心，也可以通过传入 $event 参数显示在触发单击的位置，模板层的 HTML 代码如下所示：

```
<button ion-button icon-only (click)="presentPopover($event)">
  <ion-icon name="more"></ion-icon>
</button>
```

相应的，TypeScript 中也需要传递额外的参数，代码如下所示：

```
presentPopover(myEvent){
  let popover = this.popoverCtrl.create(PopoverPage);
  popover.present({
    ev:myEvent
  });
}
```

8.6 弹出框（Toast）

弹出框被封装为 Angular4 服务，引用方式如下所示：

```
import {ToastController} from 'ionic-angular';
```

弹出框以一种非侵入式的方式将信息展示给用户，并且只支持文字信息，因此只适合展示一些言简意赅的提示性信息，如图 8-9 所示。

在任何页面引用弹出框时，都应当先将其依赖注入（第 4 行），之后再调用 create( )函数完成弹出框的创建工作（第 7 行），代码如下所示：

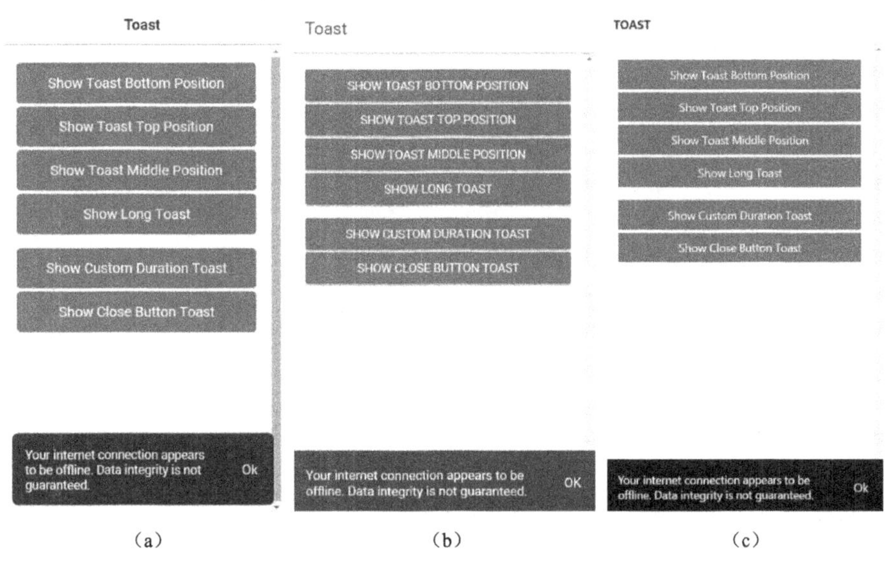

(a) (b) (c)

图 8－9 弹出框

(a) iOS; (b) Android; (c) Windows

```
1.   import{ToastController}from'ionic-angular';
2.
3.   export class MyPage {
4.     constructor(public toastCtrl:ToastCont-roller){}
5.
6.     presentToast(){
7.       let toast =this.toastCtrl.create({
8.         message:' User was added successfully ',
9.         duration:3000
10.      });
11.      toast.present();
12.    }
13.  }
```

create( )函数接收一个对象，相关属性如表 8－9 所示。

在弹出框创建完成后，不要忘记调用 present( )函数进行展示（第 11 行），这样用户才能在界面上看到激活的弹出框。

表 8－9 弹出框创建属性

属性	类型	描述
message	string	弹出框的文字信息
duration	number	自动隐藏提示框前的等待时间（单位：ms），默认不设置时，需手动调用 dismiss( )函数才能隐藏
position	string	弹出框在屏幕上的位置，可以是 top、middle、bottom，默认为 bottom
cssClass	string	自定义 CSS 类，用空格分隔
showCloseButton	boolean	是否显示关闭按钮，默认为 false
closeButtonText	string	关闭按钮上的文字
dismissOnPageChange	boolean	导航到新的页面时是否隐藏弹出框，默认为 false

第  章

Ionic3 页面元素控件

9.1 头像（Avatar）

头像被封装为 Angular4 组件，引用方式如下所示：

```
<ion-avatar></ion-avatar>
```

头像其实就是对普通图片的增强，使普通图片变成圆形的图片，并且自动完成缩放工作，代码如下所示：

```
<ion-avatar>
    <img src="img/marty-avatar.png">
</ion-avatar>
```

如果想修改图片的大小，请直接在原生 <img> 标签中进行修改，在 <ion-avatar> 标签中修改是无效的。

9.2　徽章（Badge）

徽章被封装为 Angular4 组件，引用方式如下所示：

```
<ion-badge></ion-badge>
```

徽章是一种小型控件，常用来展示数字类型的信息，一般被放置在其他控件内部，如图 9-1 所示。

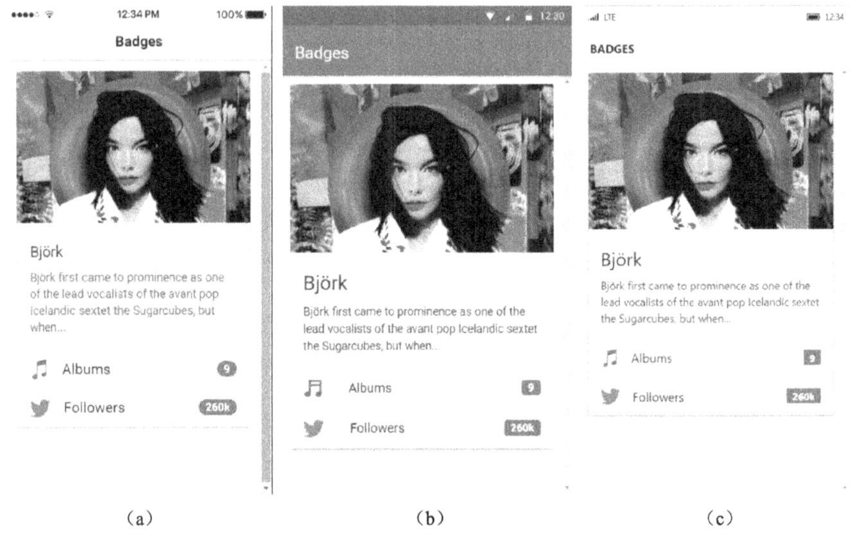

（a）　（b）　（c）

图 9-1　徽章

（a）iOS；（b）Android；（c）Windows

右下角的数字小框就是徽章，可见徽章需要配合其他控件一起使用，用来辅助展示相关的数字信息。徽章的使用方式非常简单，代码如下所示：

```
<ion-item>
    <ion-icon name="logo-twitter" item-start></ion-icon>
    Followers
    <ion-badge item-end>260k</ion-badge>
</ion-item>
```

在 6. 9. 4 节中介绍徽章标签时，读者就已经接触过徽章，只不过徽章标签进行了更高层次的封装，并没有暴露 <ion - badge>标签而已。

9. 3　按钮 (Button)

按钮被封装为 Angular4 指令，引用方式如下所示：

```
<button ion-button></button>
```

9. 3. 1　默认样式

默认样式的按钮为长方形，并且包含背景色（本书为黑白印刷，读者可以查看官方文档)，如图 9 – 2 所示。

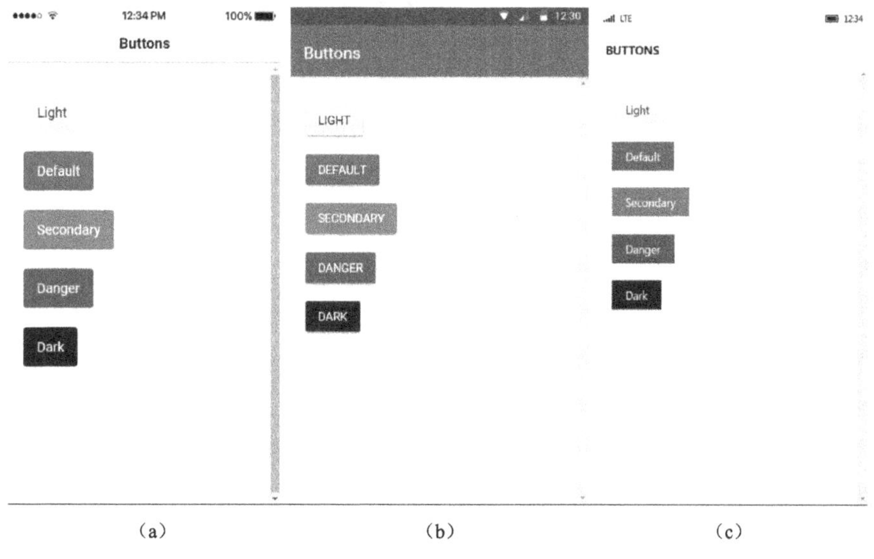

(a)　(b)　(c)

图 9 – 2　默认样式
(a) iOS; (b) Android; (c) Windows

Ionic3 中可以通过主题样式定义全局颜色，详见 10. 7. 3 节，本章中出现的颜色均是对主题样式的引用。

Ionic3 中的按钮与传统 HTML 中的按钮没有本质区别，都是使用

<button>标签进行引用，只是通过 ion - button 指令进行了增强，使按钮的样式更加丰富多样。默认样式的代码如下所示：

```
<button ion-button color="light">Light</button>
<button ion-button>Default</button>
<button ion-button color="secondary">Secondary</button>
<button ion-button color="danger">Danger</button>
<button ion-button color="dark">Dark</button>
```

9.3.2 轮廓样式

轮廓样式的按钮没有背景色，只有边框颜色，如图 9-3 所示。

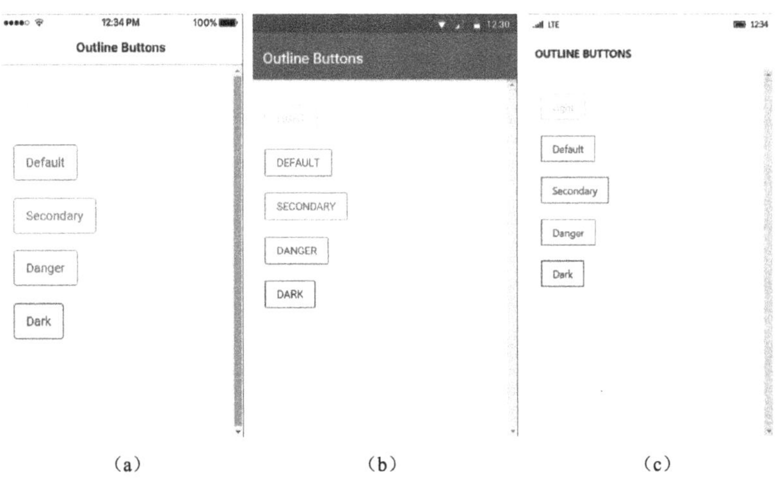

(a) (b) (c)

图 9-3 轮廓样式

(a) iOS; (b) Android; (c) Windows

轮廓样式需要加入 outline 指令，代码如下所示：

```
<button ion-button color="light" outline>Light Outline</button>
<button ion-button outline>Primary Outline</button>
```

```
<button ion-button color="secondary" outline>Secondary Outline</button>
<button ion-button color="danger" outline>Danger Outline</button>
<button ion-button color="dark" outline>Dark Outline</button>
```

9.3.3　简易样式

简易样式的按钮只有文字，既没有背景色，也没有边框颜色，如图 9－4 所示。

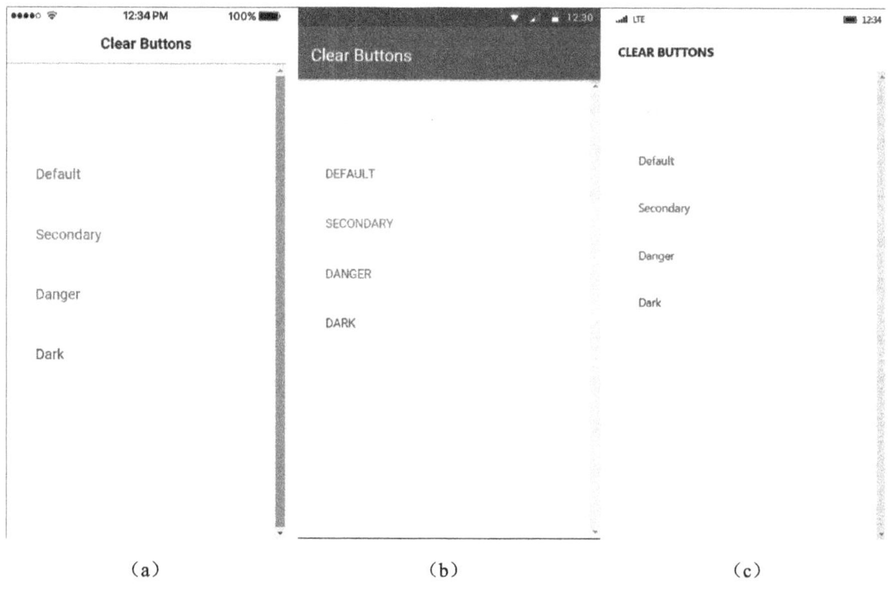

(a)　(b)　(c)

图 9－4　简易样式

(a) iOS；(b) Android；(c) Windows

简易样式需要加入 clear 指令，代码如下所示：

```
<button ion-button color="light" clear>Light Clear</button>
<button ion-button clear>Primary Clear</button>
```

```
<button ion-button color="secondary" clear>Secondary Clear</button>
<button ion-button color="danger" clear>Danger Clear</button>
<button ion-button color="dark" clear>Dark Clear</button>
```

9.3.4 圆形按钮

圆形按钮是在默认样式的基础上，加入了圆角效果，如图 9－5 所示。

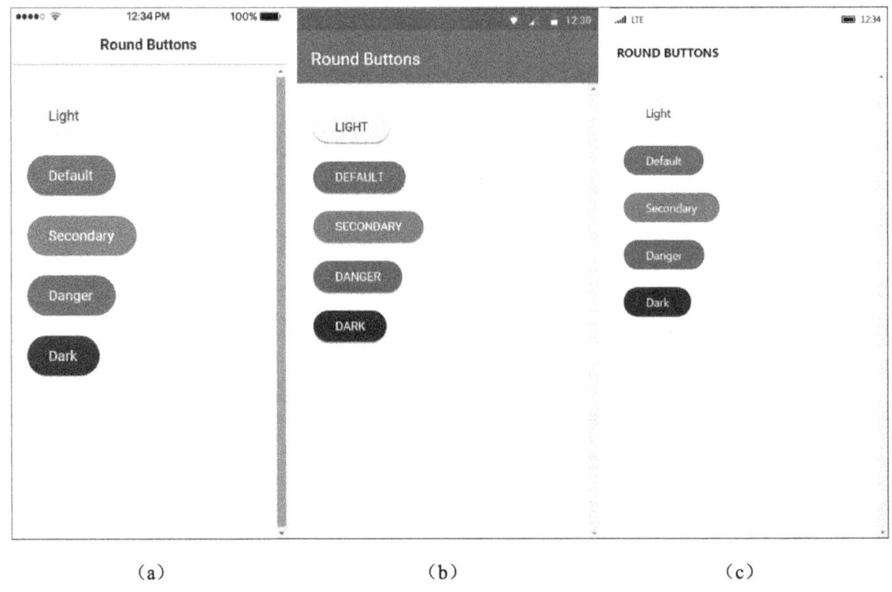

（a）　（b）　（c）

图 9－5　圆形按钮

（a）iOS；（b）Android；（c）Windows

圆形按钮需要加入 round 指令，代码如下所示：

```
<button ion-button color="light" round>Light Round</button>
<button ion-button round>Primary Round</button>
<button ion-button color="secondary" round>Secondary Round</button>
```

```
<button ion-button color="danger" round>Danger Round</button>
<button ion-button color="dark" round>Dark Round</button>
```

9.3.5　块状按钮

块状按钮会占据父元素的大部分宽度，但是会保留外边距，如图 9-6 所示。

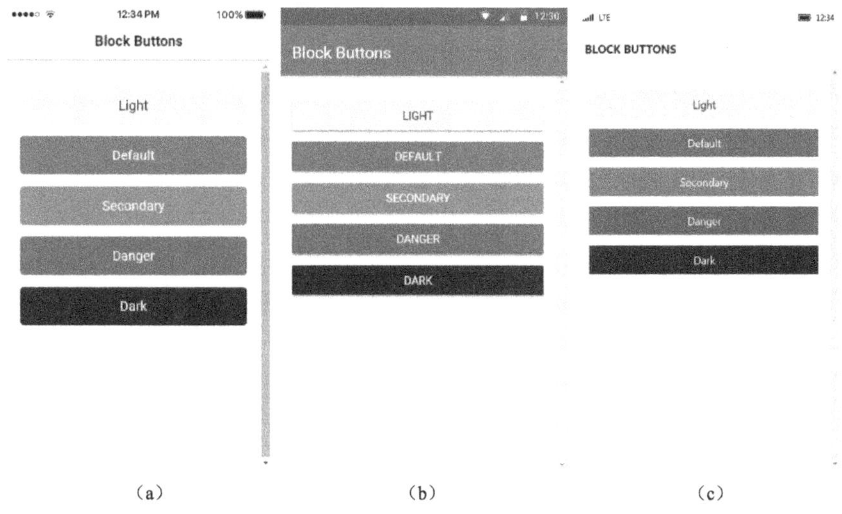

（a）　　（b）　　（c）

图 9-6　块状按钮
（a）iOS；（b）Android；（c）Windows

块状按钮需要加入 block 指令，代码如下所示：

```
<button ion-button block>Block Button</button>
```

9.3.6　全宽按钮

全宽按钮会占据父元素的全部宽度，并且没有任何外边距，如图 9-7 所示。

全宽按钮需要加入 full 指令，代码如下所示：

```
<button ion-button full>Full Button</button>
```

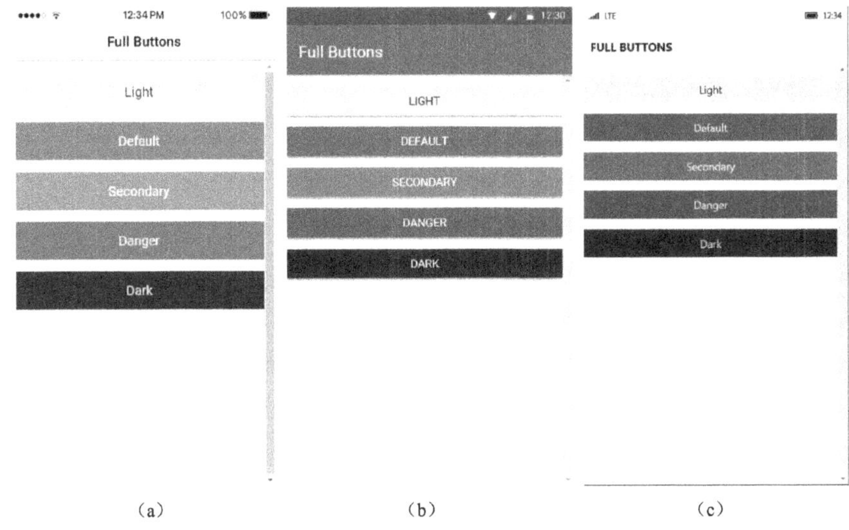

图 9-7 全宽按钮
(a) iOS; (b) Android; (c) Windows

9.3.7 按钮尺寸

按钮尺寸分为大、普通、小三种类型，如图 9-8 所示。

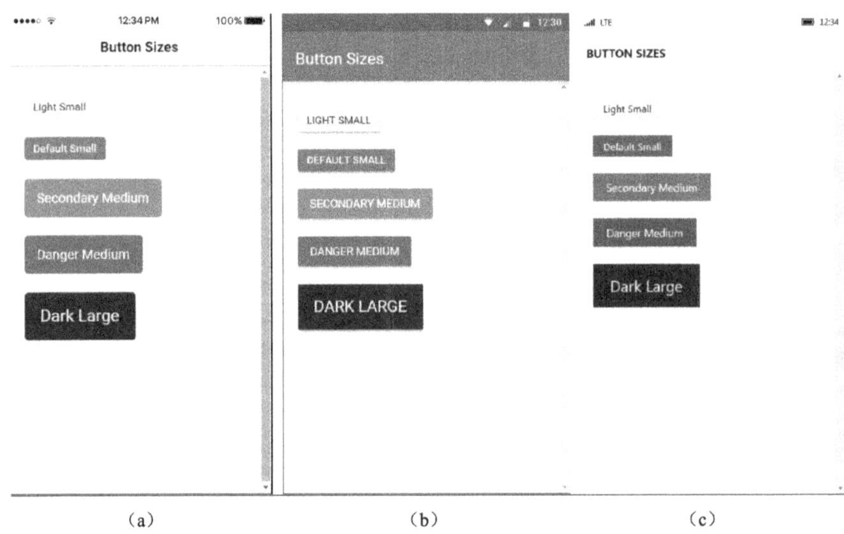

图 9-8 按钮尺寸
(a) iOS; (b) Android; (c) Windows

large 指令对应大按钮，small 指令对应小按钮，缺省则默认为普通大小，代码如下所示：

```
<button ion-button small>Small</button>
<button ion-button>Default</button>
<button ion-button large>Large</button>
```

9.3.8　图标按钮

按钮中可以加入图标，图标会使按钮效果更加生动，如图 9-9 所示。

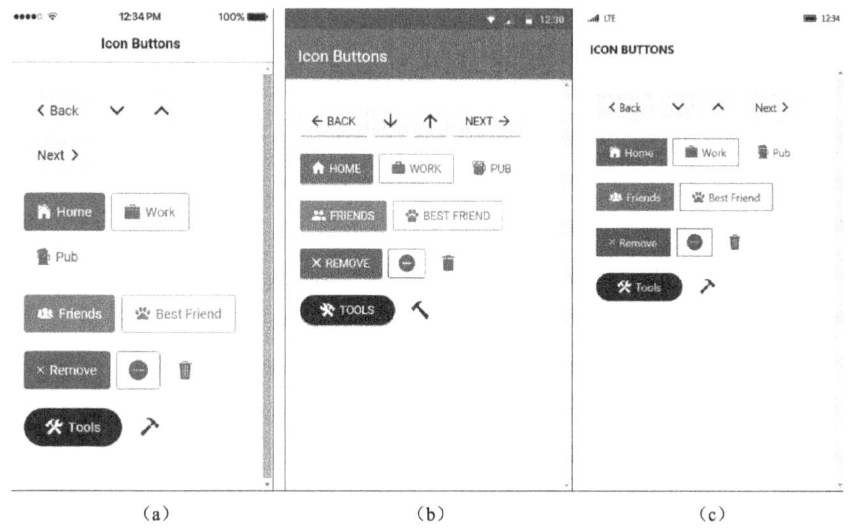

(a)　　(b)　　(c)

图 9-9　图标按钮

(a) iOS；(b) Android；(c) Windows

Ionic3 中包含了一些预设的图标，详见 10.8 节，这些图标可以通过 <ion-icon> 标签进行引用。

按钮中可以只存在图标，也可以文字和图标并存，图标的位置也可以自定义，这些都取决于不同的指令，代码如下所示：

```
<button ion-button icon-left>
  <ion-icon name="home"></ion-icon>
  Left Icon
</button>

```

```
<button ion-button icon-right>
  Right Icon
  <ion-icon name="home"></ion-icon>
</button>

 <button ion-button icon-only>
   <ion-icon name="home"></ion-icon>
 </button>
```

icon-left 指令可以实现图标左对齐；icon-right 指令可以实现图标右对齐；icon-only 指令则将按钮内的全部空间预留给图标，因此图标会显得更大一些。

9.4 卡片（Card）

卡片被封装为 Angular4 组件，引用方式如下所示：

```
<ion-card></ion-card>
```

9.4.1 简易卡片

简易卡片是一种类似传统 HTML 中 <div> 标签的容器，只不过简易卡片自带立体及阴影效果，视觉上更加具有冲击力，如图 9-10 所示。

简易卡片的代码如下所示：

```
<ion-card>
  <ion-card-header>
    Header
  </ion-card-header>
  <ion-card-content>
    The British use the term "header", but the American term "head-shot"the English simply refuse to adopt.
  </ion-card-content>
</ion-card>
```

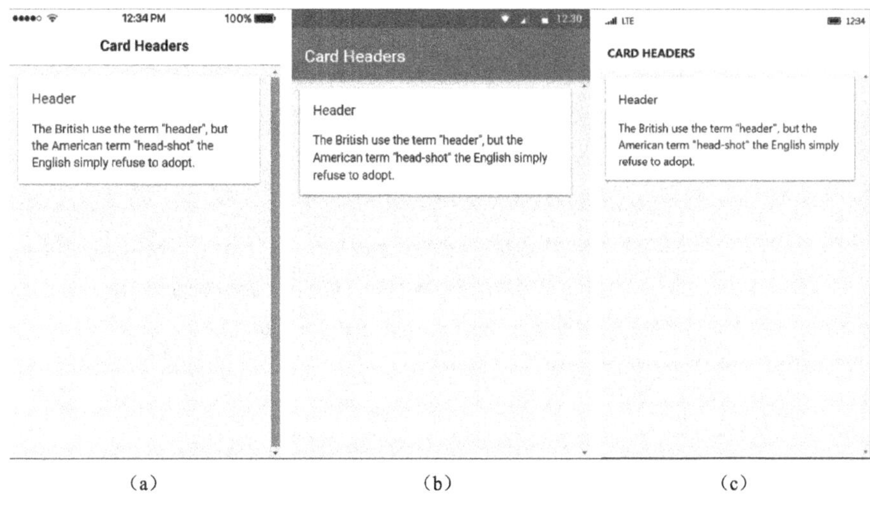

(a)　　(b)　　(c)

图 9 - 10　简易卡片

(a) iOS; (b) Android; (c) Windows

简易卡片由卡片头与卡片内容两部分组成，分别对应 < ion - card - header > 标签与 < ion - card - content > 标签，这些也是 Ionic3 中内置的控件，同样被封装为 Angular4 组件。

9.4.2　复合卡片

复合卡片只是笔者自行的命名方式，与简易卡片相对，指的是内容复杂多样的卡片。官方文档中针对卡片控件有很多例子，本节选取其中一个较复杂的例子，如图 9 - 11 所示。

复合卡片在实际的开发中更为常见，尤其是当卡片中出现图片时，其视觉效果将更加强烈。复合卡片的实现相对复杂，其代码如下所示：

```
<ion-card>

  <ion-item>
    <ion-avatar item-start>
      <img src="img/marty-avatar.png">
    </ion-avatar>
    <h2>Marty McFly</h2>
    <p>November 5, 1955</p>
```

```
    </ion-item>

    <img src="img/advance-card-bttf.png">

     <ion-card-content>
          <p>Wait a minute. Wait a minute, Doc. Uhhh... Are you telling me that you built a time machine... out of a DeLorean?! Whoa. This is heavy.</p>
     </ion-card-content>

     <ion-row>
       <ion-col>
          <button ion-button icon-left clear small>
             <ion-icon name="thumbs-up"></ion-icon>
             <div>12 Likes</div>
          </button>
       </ion-col>
       <ion-col>
          <button ion-button icon-left clear small>
            <ion-icon name="text"></ion-icon>
             <div>4 Comments</div>
           </button>
       </ion-col>
       <ion-col text-center>
         <ion-note>
           11h ago
         </ion-note>
        </ion-col>
     </ion-row>

   </ion-card>
```

这个例子中出现了很多之前介绍过的标签，实际上以 ion 开头的标签都是 Ionic3 中内置的控件，本书在后面的章节中都会涉及。

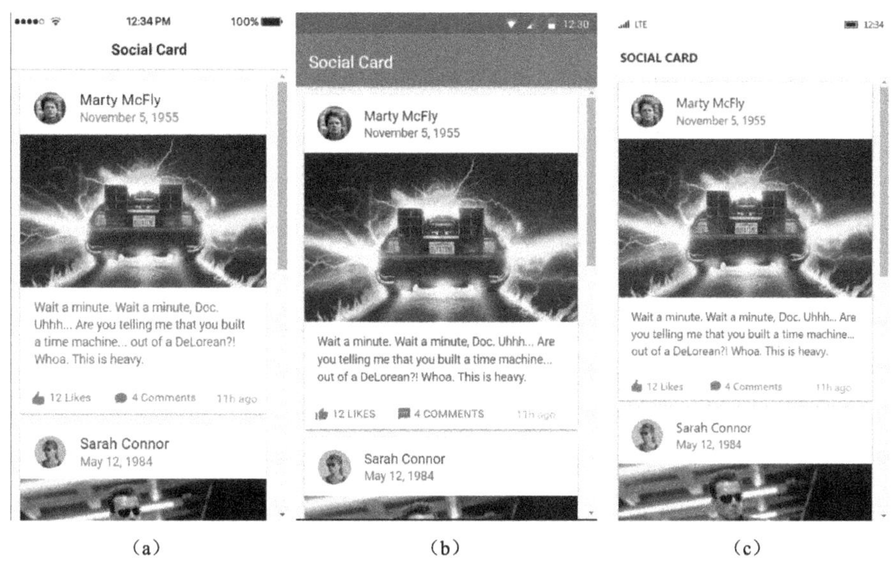

图 9 – 11　复合卡片

(a) iOS; (b) Android; (c) Windows

通过这个例子，希望读者可以对 Ionic3 的控件系统有一个整体的概念，实际上这与传统的 HTML 没有本质区别，无非是多引入了一些自定义标签。另外需要强调的是，这一章中的例子大多都是静态页面，在实际开发中应当灵活运用 Angular4 的模板、数据绑定、指令等特性，开发相应的动态页面。

9.5　复选按钮（Checkbox）

复选按钮被封装为 Angular4 组件，引用方式如下所示：

```
<ion-checkbox></ion-checkbox>
```

复选按钮如图 9 – 12 所示。

复选按钮的代码如下所示：

```
<ion-item>
    <ion-label>Daenerys Targaryen</ion-label>
```

```
        <ion-checkbox color="dark" checked="true"></ion-checkbox>
    </ion-item>

    <ion-item>
        <ion-label>Arya Stark</ion-label>
        <ion-checkbox disabled="true"></ion-checkbox>
    </ion-item>
```

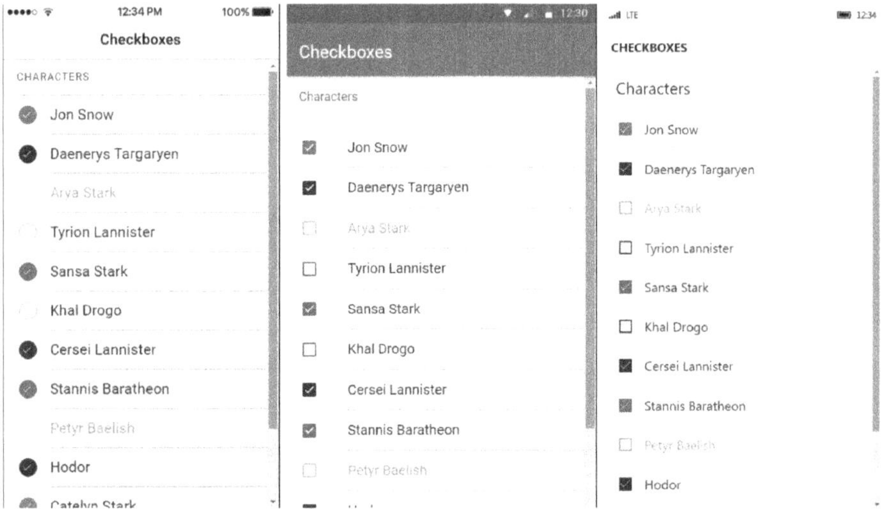

(a) (b) (c)

图 9-12 复选按钮

(a) iOS; (b) Android; (c) Windows

复选按钮的 checked 属性决定了是否被选中；disabled 属性决定了是否可用，不可用时将会被置灰，这些与传统 HTML 中的复选按钮大同小异。

< ion - checkbox > 标签需要与 < ion - label > 标签配合使用，用来显示复选按钮对应的文字信息；< ion - item > 标签并不是必需的，这里实现了列表的展示方式。

复选按钮的选中状态经常需要与具体的业务逻辑相对应，在选中状态发生变化时也需要触发一些操作，这就需要使用 Angular4 中的数据绑定，代码如下所示：

```
<ion-item>
        <ion-label>Cucumber</ion-label>
          <ion-checkbox [(ngModel)] = "cucumber" (ionChange) = "updateCucumber()"> </ion-checkbox>
    </ion-item>
```

[(ngModel)] 是双向数据绑定的特殊语法，ionChange 是 Ionic3 中预先定义好的事件，相关的处理函数在对应的 TypeScript 类中，代码如下所示：

```
@Component({
   templateUrl:'main.html'
})
class SaladPage {
   cucumber:boolean;

   updateCucumber(){
     console.log('Cucumbers new state:' + this.cucumber);
   }
}
```

如果读者对以上代码感到生疏，请复习 5.7 节中 Angular4 数据绑定的相关知识。

9.6 碎片（Chip）

碎片被封装为 Angular4 组件，引用方式如下所示：

```
<ion-chip></ion-chip>
```

碎片是一种显示零碎信息的控件，可以包含小图标，碎片的形状均为圆弧形的矩形，如图 9-13 所示。

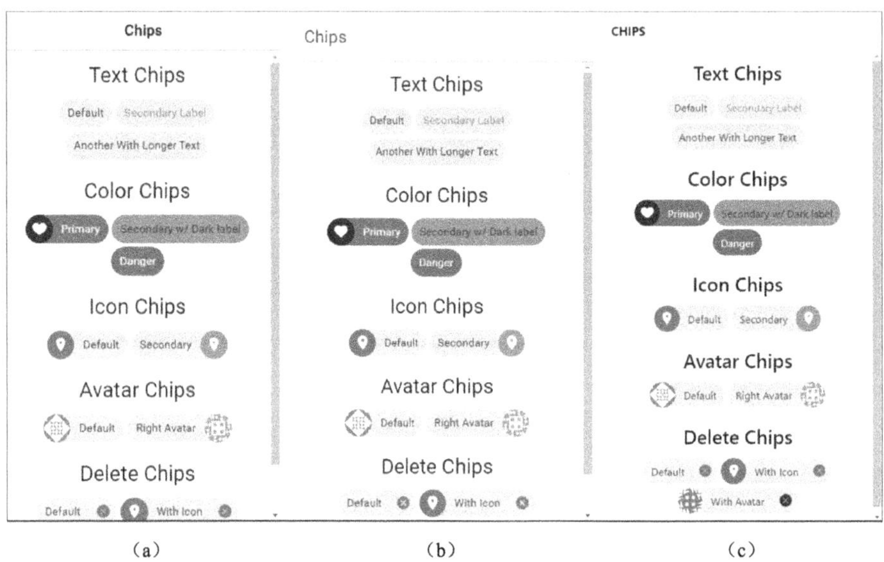

(a) (b) (c)

图 9-13 碎片

(a) iOS; (b) Android; (c) Windows

碎片的代码如下所示：

```
<ion-chip>
    <ion-label>Default</ion-label>
</ion-chip>

<ion-chip>
    <ion-label color="secondary">Secondary Label</ion-label>
</ion-chip>

<ion-chip color="secondary">
    <ion-label color="dark">Secondary w/ Dark label</ion-label>
</ion-chip>

<ion-chip color="danger">
    <ion-label>Danger</ion-label>
```

```
    </ion-chip>

    <ion-chip>
      <ion-icon name="pin"></ion-icon>
      <ion-label>Default</ion-label>
    </ion-chip>

    <ion-chip>
      <ion-icon name="heart" color="dark"></ion-icon>
      <ion-label>Default</ion-label>
    </ion-chip>

    <ion-chip>
      <ion-avatar>
        <img src="assets/img/my-img.png">
      </ion-avatar>
      <ion-label>Default</ion-label>
    </ion-chip>
```

9.7 日期时间（DateTime）

日期时间被封装为 Angular4 组件，引用方式如下所示：

```
<ion-datetime></ion-datetime>
```

日期时间是对两类选择器的封装，分别是日期选择器和时间选择器，方便用户进行选择，同时返回适当的格式。

日期选择器如图 9 – 14 所示，时间选择器如图 9 – 15 所示。

日期选择器与时间选择器其实是同一个控件，可以根据相关的输入属性进行控制，代码如下所示：

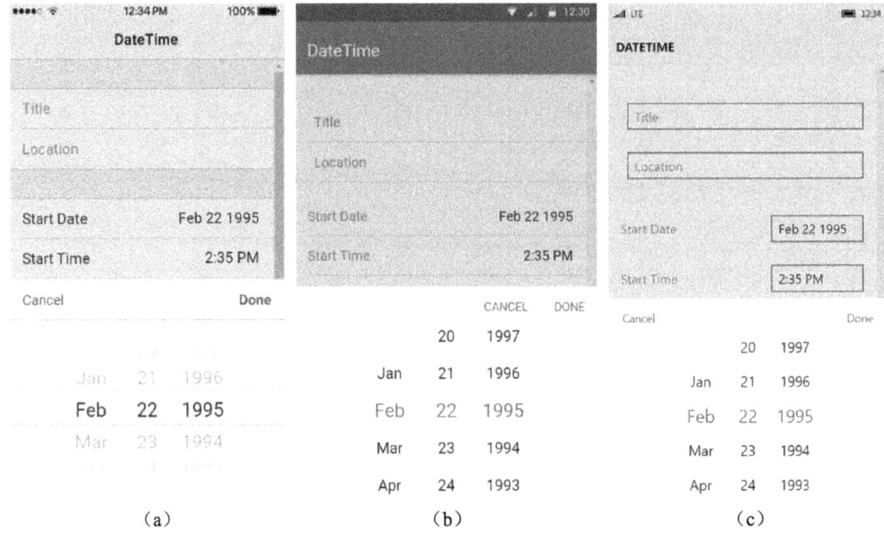

图 9－14 日期选择器

(a) iOS; (b) Android; (c) Windows

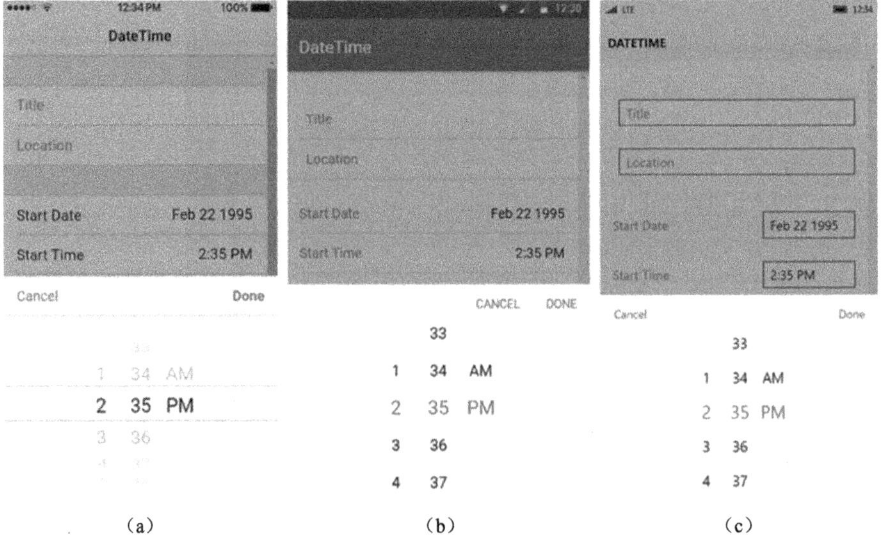

图 9－15 时间选择器

(a) iOS; (b) Android; (c) Windows

```
<ion-item>
    <ion-label>Date</ion-label>
    <ion-datetime displayFormat="DD/MM/YYYY"
 pickerFormat="DD MMMM YYYY"[(ngModel)]="myDate">
 </ion-datetime>
</ion-item>
```

displayFormat 属性代表控件内部的格式，也就是在 TypeScript 中可以取到的字符串格式；pickerFormat 属性代表界面显示的格式，也就是用户实际看到的格式。如果将日期和时间两种格式组合在一起，就可以实现同时选择日期和时间的效果。

[(ngModel)] 用来实现双向数据绑定，这在讲解复选按钮时已经出现过，用法与之完全一致，此处不再赘述。

日期时间需要遵循一定的格式，Ionic3 中已经预设了多种格式供用户选择，可以覆盖绝大多数的使用需求，如表 9-1 所示。

表 9-1 时间日期格式

格式	描述	例子
YYYY	年，4 位	2018
YY	年，2 位	18
M	月	1…12
MM	月，首位补 0	01…12
MMM	月，短名称	Jan
MMMM	月，完整名称	January
D	日	1…31
DD	日，首位补 0	01…31
DDD	日，短名称	Fri
DDDD	日，完整名称	Friday
H	小时，24 进制	0…23
HH	小时，24 进制，首位补 0	00…23
h	小时，12 进制	1…12
hh	小时，12 进制，首位补 0	01…12

续表

格式	描述	例子
a	显示时段，小写字母	am pm
A	显示时段，大写字母	AM PM
m	分钟	1…59
mm	分钟，首位补 0	01…59
s	秒	1…59
ss	秒，首位补 0	01…59

如果要实现中文月和日的显示，则需要进行相应的配置，Ionic3 中支持单一控件的局部配置和所有控件的全局配置，建议读者直接使用全局配置，代码如下所示：

```
@NgModule({
imports:[
  IonicModule.forRoot(MyApp, {
    monthNames:['一月','二月','三月', ... ],
    monthShortNames:['一','二','三', ... ],
    dayNames:['星期一','星期二','星期三', ... ],
    dayShortNames:['周一','周二','周三', ... ],
  })
]
})
```

这段代码需要写在根模块中，如果读者对根模块的概念感到陌生，请复习 5.4.1 节中的相关内容。

日期时间的输入属性如表 9－2 所示，日期时间的输出事件如表 9－3 所示。

表 9－2　日期时间的输入属性

属性	类型	描述
cancelText	string	取消按钮上的文字，默认为 Cancel
doneText	string	确定按钮上的文字，默认为 Done
displayFormat	string	控件内部的日期时间格式
pickerFormat	string	界面显示的日期时间格式

续表

<table>
<tr><th>属性</th><th>类型</th><th>描述</th></tr>
<tr><td>max</td><td>string</td><td>允许选择的日期时间上限</td></tr>
<tr><td>min</td><td>string</td><td>允许选择的日期时间下限</td></tr>
<tr><td>placeholder</td><td>string</td><td>未选择日期时间时的提示文字</td></tr>
<tr><td>monthNames</td><td rowspan="4">Array</td><td rowspan="4">建议使用上述的全局配置</td></tr>
<tr><td>monthShortNames</td></tr>
<tr><td>dayNames</td></tr>
<tr><td>dayShortNames</td></tr>
</table>

表 9－3　日期时间的输出事件

事件	描述
ionCancel	当日期时间取消选择时触发

更多日期时间的高级用法，读者可以参考 Ionic3 的官方文档自行学习。

9.8　浮动按钮（FAB）

浮动按钮被封装为 Angular4 指令，引用方式如下所示：

```
<button ion-fab></button>
```

浮动按钮与传统 HTML 中的按钮没有本质区别，都是使用 < button > 标签进行引用，只是通过 ion－fab 指令进行了增强，使按钮变成圆形，代码如下所示：

```
<button ion-fab color="primary">Button</button>
<button ion-fab mini>Small</button>
```

color 属性引用了主题样式中定义的全局颜色，详见 10. 7. 3 节；mini 指令可以缩小浮动按钮的尺寸。

除此之外，浮动按钮还可以形成按钮组，如图 9－16 所示。

浮动按钮组需要包裹在 < ion－fab－list > 标签中，并且通过 side 属性指定按钮组弹出的方向，代码如下所示：

```
<ion-fab-list side="top">
  <button ion-fab><ion-icon name="logo-facebook"></ion-icon></button>
  <button ion-fab><ion-icon name="logo-twitter"></ion-icon></button>
</ion-fab-list>
```

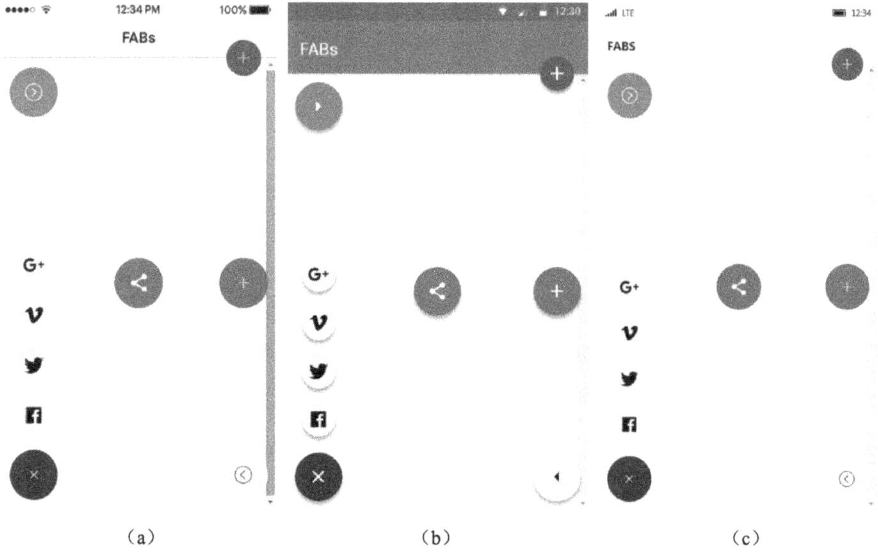

(a) (b) (c)

图 9 – 16 浮动按钮组
(a) iOS; (b) Android; (c) Windows

到目前为止，这些按钮只是呈现出了浮动按钮的样式，还无法固定在屏幕的某个位置，而是跟随滚动条一起滚动。为了解决这个问题，需要再包裹一层 <ion – fab> 标签，请读者注意区分 <ion – fab> 标签与 ion – fab 指令的区别。

```
<ion-content>
  <ion-fab bottom right #fab>
    <button ion-fab>Share</button>
    <ion-fab-list side="top">
    <button ion-fab (click)="share('facebook', fab)"><ion-icon name="logo-facebook"></ion-icon></button>
```

```
6.          <button ion-fab (click)="share('twitter', fab)"><ion-icon name="logo-twitter"></button>
7.        </ion-fab-list>
8.      </ion-fab>
9.    </ion-content>
```

<ion-fab>标签需要通过指令设置固定的位置，这个例子中的 bottom 指令与 right 指令即可成功地将按钮固定在屏幕右下角。除此之外，<ion-fab>标签还支持以下指令：

（1）top：固定在屏幕顶部；

（2）bottom：固定在屏幕底部；

（3）left：固定在屏幕左侧；

（4）right：固定在屏幕右侧；

（5）middle：固定在屏幕垂直方向的中心；

（6）center：固定在屏幕水平方向的中心；

（7）edge：固定在顶栏（Header）或底栏（Footer）与内容（Content）之间。

按钮组中的按钮在单击后并不会自动收回，因此需要先设置按钮组的模板引用变量为 fab（第2行），并在执行单击操作时以参数的形式传入（第5行与第6行），之后就可以在相应的 TypeScript 中手动关闭按钮组，代码如下所示：

```
private share(socialNet:string, fab:FabContainer){
  fab.close();
}
```

9.9 输入（Input）

输入被封装为 Angular4 组件，引用方式如下所示：

```
<ion-input></ion-input>
```

多行输入也被封装为 Angular4 组件，引用方式如下所示：

```
<ion-textarea></ion-textarea>
```

9.9.1　普通输入

普通输入呈现左右结构，左侧为标题类文字，右侧为输入框，如图 9 – 17 所示。

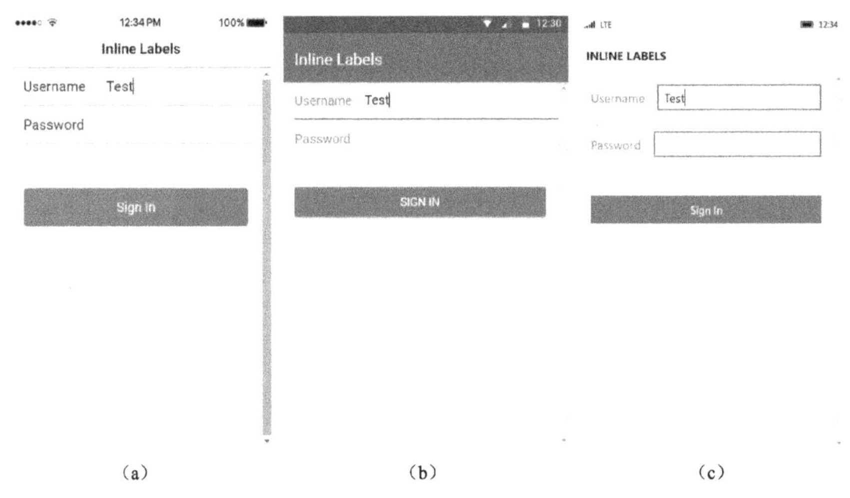

（a）　　（b）　　（c）

图 9 – 17　普通输入

（a）iOS；（b）Android；（c）Windows

输入框需要配合 < ion – label > 标签一起使用，以显示标题类文字。当存在多个输入项时，建议通过 < ion – item > 标签以列表项的形式呈现，代码如下所示：

```
< ion - list >
  < ion - item >
    < ion - label > Username < / ion - label >
    < ion - input type = "text"> < / ion - input >
  < / ion - item >

  < ion - item >
    < ion - label > Password < / ion - label >
    < ion - input type = "password"> < / ion - input >
  < / ion - item >
< / ion - list >
```

9.9.2 固定输入

固定输入也呈现左右结构，它与普通输入的区别在于，不论左侧标题类文字的长度如何，右侧输入框都是对齐的，如图 9－18 所示。

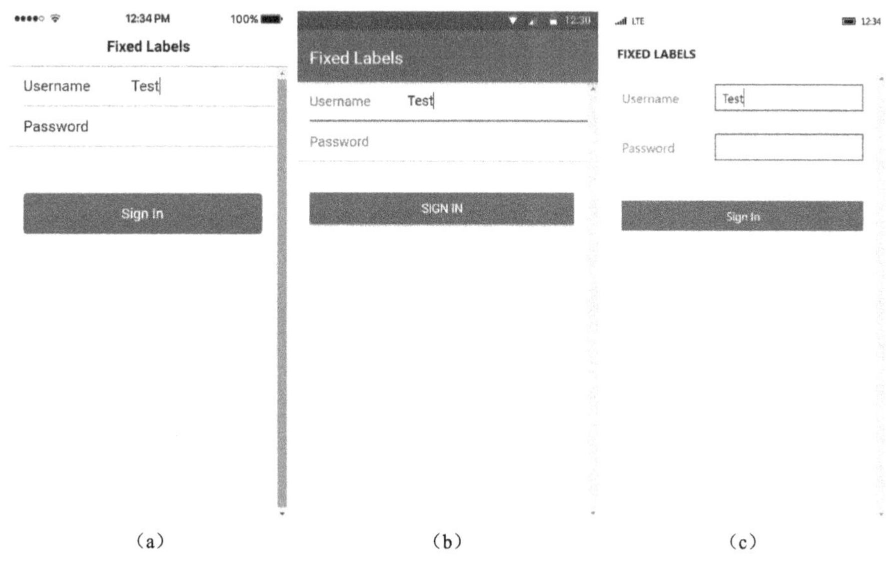

(a)　(b)　(c)

图 9－18　固定输入

(a) iOS；(b) Android；(c) Windows

固定输入需要加入 fixed 指令，代码如下所示：

```
<ion-list>
  <ion-item>
    <ion-label fixed>Username</ion-label>
    <ion-input type="text"></ion-input>
  </ion-item>

  <ion-item>
    <ion-label fixed>Password</ion-label>
    <ion-input type="password"></ion-input>
  </ion-item>
</ion-list>
```

9.9.3 栈式输入

栈式输入呈现上下结构，上侧为标题类文字，下侧为输入框，如图 9－19 所示。

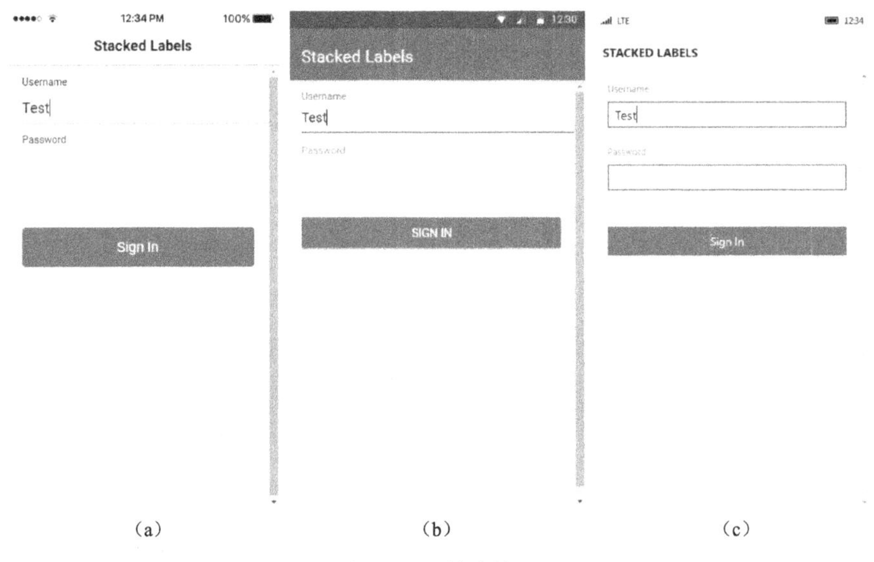

(a)　　(b)　　(c)

图 9－19　栈式输入

(a) iOS；(b) Android；(c) Windows

栈式输入需要加入 stacked 指令，代码如下所示：

```
<ion-list>
  <ion-item>
    <ion-label stacked>Username</ion-label>
    <ion-input type="text"></ion-input>
  </ion-item>

  <ion-item>
    <ion-label stacked>Password</ion-label>
    <ion-input type="password"></ion-input>
  </ion-item>
</ion-list>
```

9.9.4　浮动输入

浮动输入也呈现上下结构，它与栈式输入的区别在于，标题类文字最初会出现在输入框中，当获取焦点时又会以一种浮动的动画效果移动到输入框上侧，如图 9-20 所示。

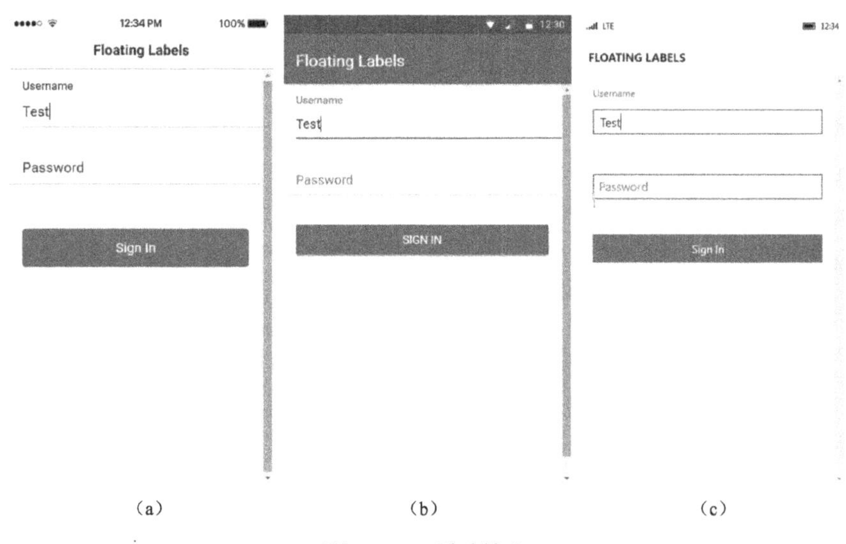

(a)　(b)　(c)

图 9-20　浮动输入

(a) iOS；(b) Android；(c) Windows

浮动输入需要加入 floating 指令，代码如下所示：

```
<ion-list>
  <ion-item>
    <ion-label floating>Username</ion-label>
    <ion-input type="text"></ion-input>
  </ion-item>

  <ion-item>
    <ion-label floating>Password</ion-label>
    <ion-input type="password"></ion-input>
  </ion-item>
</ion-list>
```

9.9.5 相关属性

输入的相关属性如表 9－4 所示。

表 9－4 输入的相关属性

属性	类型	描述
clearInput	boolean	如果为 true，当存在输入内容时将会显示清空图标，单击将会清空已有内容
clearOnEdit	boolean	如果为 true，那么当输入框获取焦点时将会自动清空已有内容；当 type 属性为 password 时默认为 true，否则默认为 false
max	any	允许输入的最大值
min	any	允许输入的最小值
placeholder	string	输入框提示文字
readonly	boolean	如果为 true，那么用户将不能编辑输入内容
step	any	与 max 属性与 min 属性配合使用，用来限制输入内容的增长步长
type	string	输入内容的类型，可以是 text、password、email、number、search、tel、url，默认为 text

9.10 单选按钮（Radio）

单选按钮被封装为 Angular4 组件，引用方式如下所示：

```
<ion-radio></ion-radio>
```

单选按钮如图 9－21 所示。

单选按钮的代码如下所示：

```
<ion-item>
  <ion-label>Go</ion-label>
```

```
3.        <ion-radio checked="true"value="go"></ion-
  radio>
4.    </ion-item>
```

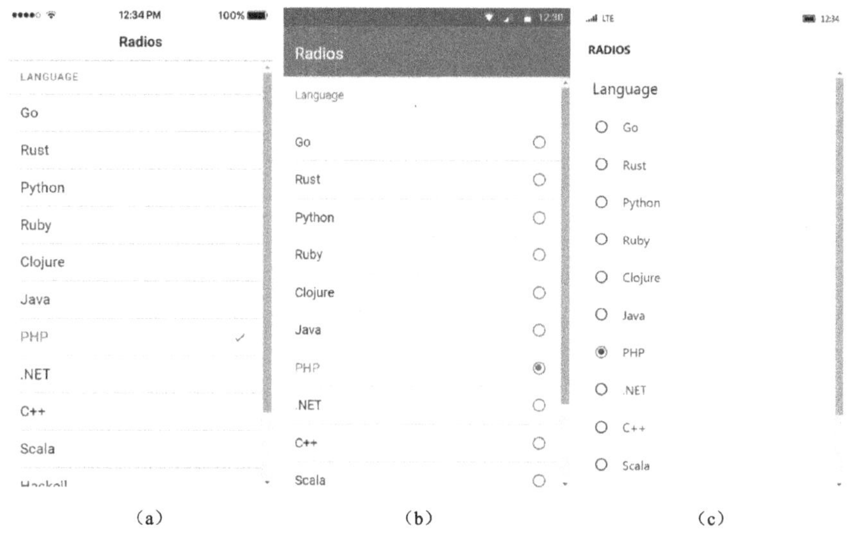

(a)　(b)　(c)

图 9-21　单选按钮

(a) iOS；(b) Android；(c) Windows

单选按钮同样需要 <ion-label> 标签的配合，这与复选按钮和输入一致，此处不再赘述。

单选按钮的输入属性如表 9-5 所示，单选按钮的输出事件如表 9-6 所示。

表 9-5　单选按钮的输入属性

属性	类型	描述
checked	boolean	如果为 true，当前按钮将会被选中
disabled	boolean	如果为 true，用户将不能与这个单选按钮进行交互
value	any	单选按钮的值，默认是自动生成的 id

表 9-6　单选按钮的输出事件

事件	描述
ionSelect	当前按钮被选中时触发

单选按钮经常以组的形式出现，即选中其中一个则同一组中的其他按钮将不会被选中，实现这种互斥关系需要加入 radio - group 指令，代码如下所示：

```
<ion-list radio-group [(ngModel)]="manufacturers">
    <ion-item>
        <ion-label>Cord</ion-label>
        <ion-radio value="cord"></ion-radio>
    </ion-item>

    <ion-item>
        <ion-label>Duesenberg</ion-label>
        <ion-radio value="duesenberg"></ion-radio>
    </ion-item>
</ion-list>
```

radio - group 指令需要配合［(ngModel)］双向数据绑定一起使用，用来记录当前被选中的单选按钮，在这个例子中，manufacturers 变量存储了被选中按钮的 value 属性值。

单选按钮组的输入属性如表 9 -7 所示，单选按钮组的输出事件如表 9 -8 所示。

表 9 -7　单选按钮组的输入属性

属性	类型	描述
disabled	boolean	如果为 true，那么用户将不能与这个组中的任何单选按钮进行交互

表 9 -8　单选按钮组的输出事件

事件	描述
ionChange	单选按钮组的选中状态改变时触发

9.11　范围（Range）

范围被封装为 Angular4 组件，引用方式如下所示：

```
<ion-range></ion-range>
```

范围是一个可拖动的选择条，用来在限定好的范围内选择一个具体的数值，或者一段符合要求的数值范围，如图9－22所示。

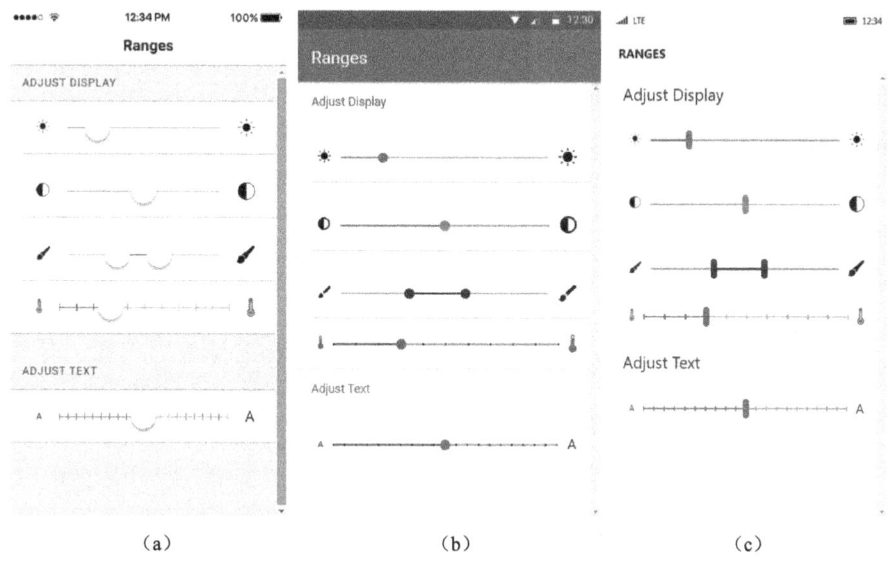

（a）　　（b）　　（c）

图9－22　范围

（a）iOS；（b）Android；（c）Windows

范围的代码如下所示：

```
<ion-item>
    <ion-range min="20" max="80" [(ngModel)]="brightness">
      <ion-icon small range-left name="sunny"></ion-icon>
      <ion-icon range-right name="sunny"></ion-icon>
    </ion-range>
</ion-item>
```

范围需要通过［(ngModel)］来实现双向数据绑定，在选择单个数值时为一个变量，在选择数值范围时为一个包含两个数值的数组。

范围可以指定左、右两侧的元素，分别通过 range－left 指令与 range－right 指令进行标注。

```
<ion-item>
    <ion-label>Dual</ion-label>
    <ion-range dualKnobs="true"[(ngModel)] = "dualValue"></ion-range>
</ion-item>
```

范围也可以配合 <ion-label> 标签使用，这里不再赘述。

范围的常用 API 如下：

（1）ratio：number 只读属性，代表选择条当前的位置，是一个介于 0 和 1 之间的数值。如果同时存在两个选择条，那么这个属性代表较小的那个值。

（2）ratioUpper：number 只读属性，代表较大的选择条的位置，是一个介于 0 和 1 之间的数值。如果只有一个选择条，那么这个属性将为 null。

范围的输入属性如表 9-9 所示。

表 9-9　范围的输入属性

属性	类型	描述
debounce	number	触发 ionChange 事件前的等待时间（单位：ms），默认为 0
dualKnobs	boolean	是否显示两个选择条，默认为 false
max	number	可选范围的最大值，默认为 100
min	number	可选范围的最小值，默认为 0
pin	boolean	如果为 true，那么在拖动选择条时将会显示一个整数提示框，默认为 false
snaps	boolean	如果为 true，将根据 step 属性显示均匀的刻度线，默认为 false
step	number	指定数值增长的步长，默认为 1

9.12　搜索栏（Searchbar）

搜索栏被封装为 Angular4 组件，引用方式如下所示：

```
<ion-searchbar></ion-searchbar>
```

搜索栏的本质就是输入框，只不过 Ionic3 在此基础上又作了封装，实现了一些特殊的定制效果，如图 9－23 所示。

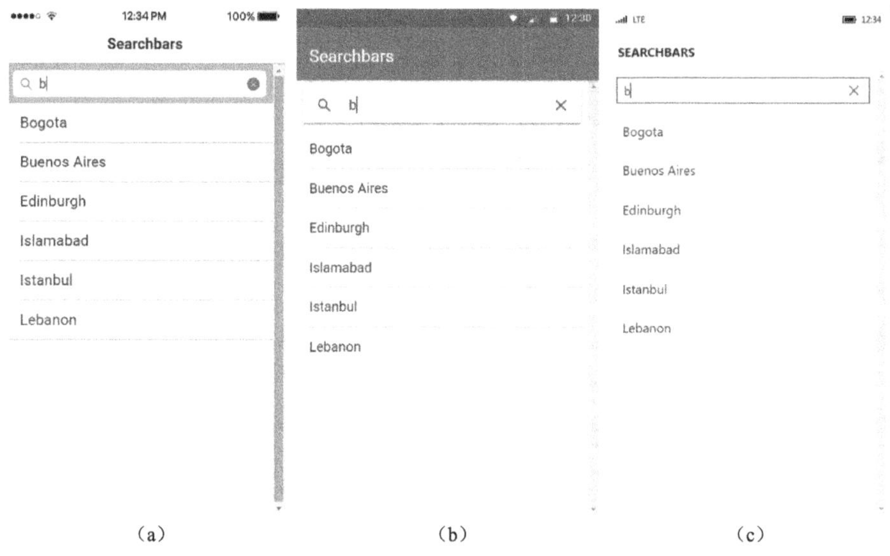

(a) (b) (c)

图 9－23 搜索栏

(a) iOS；(b) Android；(c) Windows

搜索栏的代码如下所示：

```
<ion-searchbar
  [(ngModel)] = "myInput"
  (ionInput) = "onInput($event)" >
</ion-searchbar>
```

获取搜索栏的输入数据有两种方式，既可以通过 [(ngModel)] 实现双向数据绑定，也可以通过 ionInput 事件触发的函数中传入 $event 参数进行获取。

搜索栏的输入属性如表 9－10 所示，搜索栏的输出事件如表 9－11 所示。

表 9－10 搜索栏的输入属性

属性	类型	描述
animated	boolean	如果为 true，则将启用搜索栏的动画效果，默认为 false
cancelButtonText	string	取消按钮上的文字，默认为 Cancel

续表

属性	类型	描述
debounce	number	触发 ionInput 事件前的等待时间（单位：ms），默认为 250
placeholder	string	输入框提示文字
showCancelButton	boolean	如果为 true，则将显示取消按钮，默认为 false
type	string	输入内容的类型，可以是 text、password、email、number、search、tel、url，默认为 search

表 9－11　搜索栏的输出事件

事件	描述
ionCancel	取消按钮被单击时触发
ionClear	清空按钮被单击时触发
ionInput	输入内容改变时（包括清空）触发

9.13　选择（Select & Option）

选择被封装为 Angular4 组件，引用方式如下所示：

```
<ion-select>
  <ion-option></ion-option>
</ion-select>
```

与传统 HTML 中的 <select> 和 <option> 标签不同，Ionic3 中默认会通过对话框的形式将选项呈现给用户，这与 8.2.4 节中的单选对话框十分相似，如图 9－24 所示。

选择的代码如下所示：

```
<ion-item>
  <ion-label>Gender</ion-label>
  <ion-select [(ngModel)]="gender">
    <ion-option value="f">Female</ion-option>
```

```
            <ion-option value="m">Male</ion-option>
        </ion-select>
    </ion-item>
```

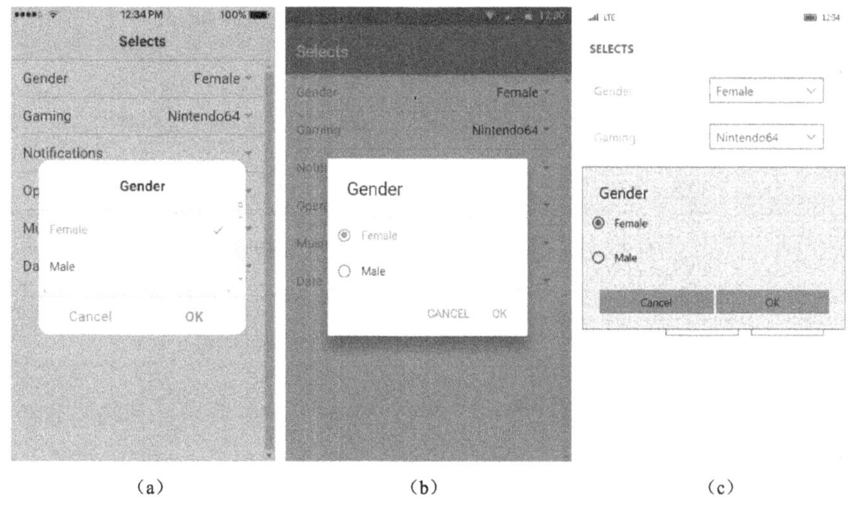

(a)　(b)　(c)

图 9-24　选择

(a) iOS; (b) Android; (c) Windows

通过 [(ngModel)] 实现双向数据绑定，gender 变量存储了被选中项的 value 属性值，因此通过预先设置 gender 变量的值便可以指定默认选中项。

通过设置 multiple 属性为 true 可以实现多选，其效果可以参考 8.2.5 节中的复选对话框，此时 [(ngModel)] 绑定的变量将会是一个数组。除了对话框这种交互方式外，选择还支持动作菜单以及浮动框两种交互方式，这需要设置 interface 属性的值，但这两种交互方式都只支持单选操作，因此具备一定的局限性。

选择 <ion-select> 标签的输入属性如表 9-12 所示，其输出事件如表 9-13 所示。

表 9-12　选择 <ion-select> 标签的输入属性

属性	类型	描述
cancelText	string	取消按钮上的文字，默认为 Cancel
interface	string	选项呈现的交互方式，可以是 action-sheet、popover、alert，默认为 alert

续表

属性	类型	描述
multiple	boolean	如果为 true，则将开启多选模式，默认为 false
okText	string	确定按钮上的文字，默认为 OK
placeholder	string	未选择时的提示文字
selectOptions	any	alert 以及 action – sheet 支持的额外属性，以对象的形式传入，参考 8.1 节中的表 8 – 1 以及 8.2 节中的表 8 – 3

表 9 – 13 选择 <ion – select> 标签的输出事件

事件	描述
ionCancel	取消选择时触发

选择 <ion – option> 标签的输入属性如表 9 – 14 所示，其输出事件如表 9 – 15 所示。

表 9 – 14 选择 <ion – option> 标签的输入属性

属性	类型	描述
disabled	boolean	如果为 true，那么用户将不能与这个选项进行交互
selected	boolean	如果为 true，那么这个选项将被选中
value	any	这个选项的值

表 9 – 15 选择 <ion – option> 标签的输出事件

事件	描述
ionSelect	当前选项被选中时触发

9.14 开关按钮（Toggle）

开关按钮被封装为 Angular4 组件，引用方式如下所示：

```
<ion-toggle></ion-toggle>
```

开关按钮是一种与复选按钮十分相似的控件，只是外观样式不同，如图 9 – 25 所示。

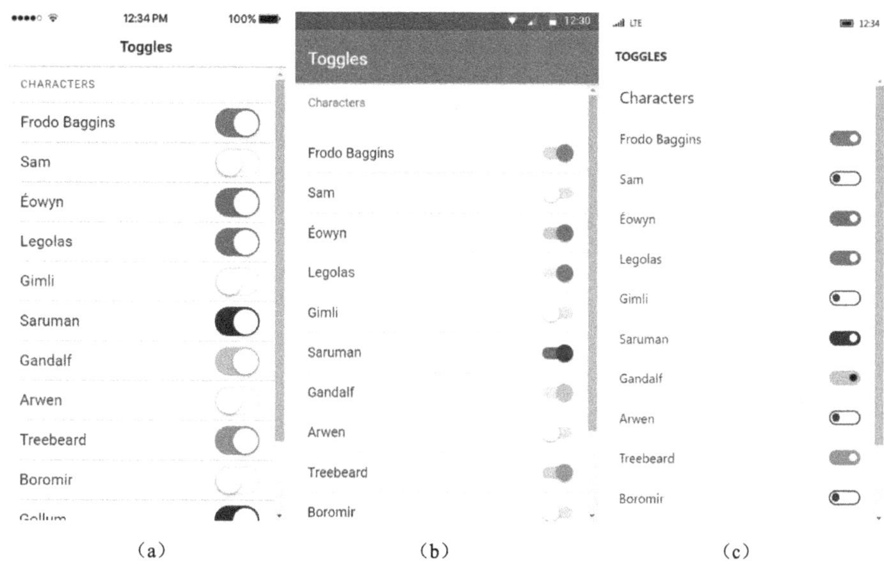

(a)　(b)　(c)

图 9 - 25　开关按钮
(a) iOS；(b) Android；(c) Windows

开关按钮的代码如下所示：

```
<ion-item>
    <ion-label>Sausage</ion-label>
    <ion-toggle [(ngModel)]="sausage"disabled="true"></ion-toggle>
</ion-item>
```

除了通过 [(ngModel)] 实现双向数据绑定之外，也可以通过 checked 属性决定开关按钮是否被选中，以及通过 disabled 属性决定开关按钮是否可用，这些与复选按钮的用法完全一致。

9.15　缩略图（Thumbnail）

缩略图被封装为 Angular4 组件，引用方式如下所示：

```
<ion-thumbnail></ion-thumbnail>
```

缩略图其实就是对普通图片的增强，并且自动完成缩放工作，代码如下所示：

```
<ion-thumbnail>
    <img src="img/thumbnail.png">
</ion-thumbnail>
```

如果要修改图片的大小，请直接在原生 <img> 标签中进行修改，在 <ion-thumbnail> 标签中修改是无效的。

9.16 文字样式（Typography）

文字样式被封装为 Angular4 指令，引用方式如下所示：

```
<h1 ion-text></h1>
```

文字样式实际上是给任何原生 HTML 标签添加颜色，虽然可以通过 CSS 实现这个极其简单的功能，但是却无法调用 Ionic3 的主题颜色，关于 Ionic3 的主题颜色详见 10.7.3 节的内容。

文字样式的代码如下所示：

```
<h2 ion-text color="primary">Primary Text</h2>

<p ion-text color="light">Light Text</p>
```

使用 ion-text 指令进行增强后，原生 HTML 标签也具备了 color 属性，从而实现了通过一个变量控制全局颜色的功能。

第 10 章 Ionic3 其他知识点

10.1 配置文件

10.1.1 根模块

从严格意义上来说，根模块并不算是 Ionic3 中的配置文件，但是根模块中又包含了整个 App 的诸多配置信息。在 5.4.1 节中已经介绍过 Angular4 的根模块，Ionic3 在 Angular4 的基础上又增加了一些新的特性。

Ionic3 的根模块对应的是“src”目录下“app”子目录下的“app.module.ts”文件，一个比较完整的根模块代码如下所示：

```
import …

@NgModule({
```

```
    declarations:[
        MyApp,
        AboutPage,
        ContactPage,
        HomePage,
        TabsPage
    ],

    imports:[
        BrowserModule,
        HttpModule,
        IonicModule.forRoot(MyApp),
        IonicStorageModule.forRoot()
    ],

    bootstrap:[IonicApp],

    entryComponents:[
        MyApp,
        AboutPage,
        ContactPage,
        HomePage,
        TabsPage
    ],

    providers:[
        {provide:ErrorHandler, useClass:IonicErrorHandler},
        WebApi,
        SplashScreen
    ]
})
export class AppModule{}
```

读者可以对比 Angular4 的根模块，重新学习一遍 Ionic3 的根模块。Ionic3 的根模块中包含以下属性：

（1）declaration：声明所有的页面组件、可复用组件、指令(第 4 行 ~ 第 10 行)。由于 App 是由一个又一个页面组成的，因此这里一般都是页面组件，所以请读者务必牢记，每次新建一个页面组件后都需要在这里进行声明。

（2）imports：声明需要导入的其他模块（第 12 行 ~ 第 17 行）。IonicModule. forRoot（MyApp）是必需的（第 15 行），其中 MyApp 是根组件，有关根组件的概念可以回顾 5. 5. 5 节，Ionic3 的根组件对应的是“src”目录下“app”子目录下的“app. component. ts”文件。

（3）bootstrap：Ionic3 的固定写法，不同于 Angular4 中指定根组件的方式（第 19 行）。

（4）entryComponents：声明所有的入口点（第 21 行 ~ 第 27 行）。入口点可以简单地理解为所有的页面组件，因此 entryComponents 属性相比 declaration 属性缺少了可复用组件以及指令。Ionic3 需要通过这个属性处理页面导航，所以不得不把所有的页面组件再重复声明一遍，这也是笔者认为 Ionic3 在设计上有待改进的地方。

（5）providers：声明所有的服务（第 29 行 ~ 第 33 行）。服务包含开发者自定义的服务，也包含所有被 Ionic Native 支持的 Cordova 插件，这部分的内容会在第 11 章中详细讲解。

10. 1. 2 config. xml

“config. xml”是 Ionic3 的配置文件，包含了底层的配置信息，远比根模块复杂。“config. xml”在 Ionic3 工程项目的根目录下，代码如下所示：

```
<?xml version='1.0' encoding='utf-8'?>
<widget id="io.ionic.starter" version="0.0.1" xmlns="http://www.w3.org/ns/widgets" xmlns:cdv="http://cordova.apache.org/ns/1.0">
    <name>MyApp</name>
    <description>An awesome Ionic/Cordova app.</description>
    <author email="hi@ionicframework" href=
```

```
"http://ionicframework.com/">Ionic Framework Team</author>
        <content src="index.html"/>
        <access origin="*"/>
        <allow-navigation href="http://ionic.local/*"/>
        <allow-intent href="http://*/*"/>
        …
        <preference name="android-minSdkVersion"value="21"/>
        <preference name="deployment-target"value="9.0"/>
        …
        <platform name="android">
        <allow-intent href="market:*"/>
        <icon density="ldpi" src="resources/android/icon/drawable-ldpi-icon.png"/>
            …
        <splash density="land-ldpi"src="resources/android/splash/drawable-land-ldpi-screen.png"/>
            …
        </platform>
        <platform name="ios">
            <allow-intent href="itms:*"/>
            <allow-intent href="itms-apps:*"/>
            <icon height="57"src="resources/ios/icon/icon.png"width="57"/>
            …
            <splash height="1136"src="resources/ios/splash/Default-568h@2x~iphone.png"width="640"/>
            …
        </platform>
```

```
29.          <plugin name = "cordova - plugin - spla - shscreen"
   spec = " ~4.0.1" / >
30.          …
31.      < /widget >
```

以上代码只是节选，大体上可以分为以下几个部分：

（1）基本信息：< widget >标签的 id 属性指定了 App 的全局标识符（包名）；version 属性指定了 App 的版本号（第 2 行）；< name >标签指定了 App 的名称（第 3 行）；< description >标签指定了 App 的描述信息（第 4 行）。

（2）配置信息：< preference >标签指定了 App 的配置信息；android - minSdkVersion 对应 Android 系统的最低支持版本号（第 11 行）；deployment - target 对应 iOS 系统的最低支持版本号（第 12 行）。配置信息错综复杂，读者可以参考 Ionic3 的官方文档自行学习。

（3）平台信息：< platform >标签指定了 App 在不同平台的不同表现（第 14 行 ~ 第 28 行），子标签中的 < icon >标签指定了 App 的图标，< splash >标签指定了 App 的欢迎页图片。

（4）插件信息：< plugin >标签指定了 App 中引用的 Cordova 插件（第 29 行），会在安装相应的 Cordova 插件时自动生成，故一般不需要手动干预。

10.1.3　index. html

"index. html" 是 Ionic3 工程项目的主页文件，与传统 Web 开发中网页主页的概念是一样的。"index. html" 在 Ionic3 工程项目的 "src" 目录下，官方提供的模板代码如下所示：

```
< ! DOCTYPE html >
< html lang = "zh - cn" >

< head >
     < meta charset = "UTF - 8" >
     < title >MyApp < /title >
     < meta name = "viewport" content = "viewport -
fit = cover, width = device - width, initial - scale =1.0,
```

```
minimum-scale=1.0, maximum-scale=1.0, user-scalable=no">
        <meta name="format-detection" content="telephone=no">
        <meta name="msapplication-tap-highlight" content="no">

        <!-- cordova.js required for cordova apps -->
        <script src="cordova.js"></script>

        <link href="build/main.css" rel="stylesheet">
    </head>

    <body>
        <!-- Ionic's root component and where the app will load -->
        <ion-app></ion-app>

        <!-- The polyfills js is generated during the build process -->
        <script src="build/polyfills.js"></script>

        <!-- The vendor js is generated during the build process
             It contains all of the dependencies in node_modules -->
        <script src="build/vendor.js"></script>

        <!-- The main js is generated during the build process -->
        <script src="build/main.js"></script>
    </body>

</html>
```

“index. html”是整个 Ionic3 工程项目的入口点，体现在 < ion - app > 标签上（第 19 行），这其实就是 Ionic3 中的根组件。在 5. 5. 5 节中讲解过组件的层次结构，其中根组件是整个应用的外壳，对其他所有组件起到容器的作用，本书还会在 10. 2. 3 节中对根组件进行更加详细的讲解。

“index. html”中通常都是对一些外部 CSS 文件与 JavaScript 文件的引用，一般包含以下几个部分：

（1）cordova. js（第 12 行）：只在模拟器调试时生效，包含了对 Cordova 插件的支持。

（2）main. css（第 14 行）：在编译阶段自动生成，会将所有 CSS 文件合并为一个统一的 CSS 文件进行引用。

（3）polyfills. js（第 22 行）：在编译阶段自动生成，包含了对浏览器兼容性的支持。

（4）vendor. js（第 26 行）：在编译阶段自动生成，包含了“node_modules”目录中的所有外部依赖，在 3. 4 节中简要介绍过 node_modules 的作用。

（5）main. js（第 29 行）：在编译阶段自动生成，会将所有 TypeScript 文件编译后合并为一个统一的 JavaScript 文件，然后进行引用。

之所以将“index. html”划分为配置文件，是因为某些第三方外部引用需要在这里进行特殊处理，相当于完成了相应的配置过程。

在理想情况下，当需要引用某些第三方 JavaScript 库文件时，首选方案应当是通过 NPM 进行处理，这样就会被放置在“node_modules”目录中，可以十分方便地在 TypeScript 中通过 import 关键字进行引用。

然而在实际开发中，很多第三方 JavaScript 库文件并没有被上传到 NPM 仓库，也没有进行模块化处理，此时只能在“index. html”中手动引用。如果需要将相应的 JavaScript 库文件下载到本地，那么根据笔者的经验，请将其放置在“assets”目录中，详见 3. 4 节中对 Ionic3 目录结构的介绍。

这种引用方式并没有进行模块化处理，因此相关语法无法被 TypeScript 识别，这会导致开发以及编译阶段的报错，解决办法可以参考 11. 6. 1 节中的特殊调用方式。

10.2 页面生命周期

10.2.1 基本概念

页面生命周期是 Angular4 中已经存在的概念，Ionic3 中只是继承了这一思想，但具体的实现过程已经被重新设计，因此在介绍 Angular4 的章节中并没有出现相关知识点。

在 5.5.5 节中介绍了 Angular4 组件的层次结构，并且将 Angular4 组件划分为页面组件与可复用组件，实际上这两种组件都存在生命周期的概念，其在本质上是完全一样的，只是页面组件会直接参与页面导航，处理生命周期的频率远高于可复用组件，因此统称为页面生命周期。

所谓页面生命周期，指的是组件从创建到销毁所经历的一系列重要时间节点，每个节点都对应一个回调函数。实际上在原生 App 的开发中，页面生命周期也是一个非常常见且重要的概念，人们经常需要在页面被创建时进行初始化，在页面被重新激活时刷新数据，在页面被销毁时完成资源回收。

10.2.2 流程详解

在 Ionic3 中总共存在 6 个页面生命周期时间节点，对应 8 个页面生命周期回调函数，如表 10 - 1 所示。

表 10 - 1 页面生命周期回调函数

回调函数	返回类型	描述
ionViewDidLoad( )	void	在页面创建后触发，每个页面只触发一次
ionViewWillEnter( )	void	在页面即将进入并激活前触发
ionViewDidEnter( )	void	在页面已经进入并激活后触发
ionViewWillLeave( )	void	在页面即将退出并失活前触发
ionViewDidLeave( )	void	在页面已经退出并失活后触发

续表

回调函数	返回类型	描述
ionViewWillUnload( )	void	在页面即将销毁前触发，每个页面只触发一次
ionViewCanEnter( )	boolean/ Promise	在 ionViewWillEnter 之前触发，用来判断权限
ionViewCanLeave( )	boolean/ Promise	在 ionViewWillLeave 之前触发，用来判断权限

Ionic3 官方文档只是简单罗列了这 8 个回调函数，然而笔者认为页面生命周期是极其重要的概念，读者应当熟悉整套流程，其流程如图 10－1 所示。

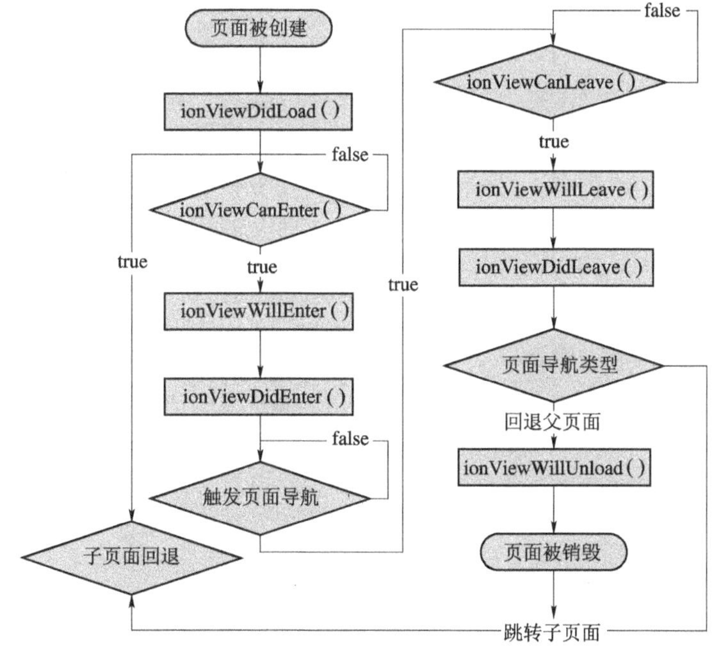

图 10－1　页面生命周期的流程

App 中存在几种常见的页面导航情景，本书将逐一进行详细的阐述，由于 ionViewCanEnter( )以及 ionViewCanLeave( )只是两个控制权限的辅助型函数，在页面导航中并不是必须的，因此在以下例子中将其省略。

(1) 情景一：用户刚刚跳转至一个新的页面，在页面被创建后将触发该页面的 ionViewDidLoad( )函数，之后相继触发 ionViewWillEnter( )函数以及 ionViewDidEnter( )函数，此时该页面处于激活状态，可以与用户进行交互。

(2) 情景二：在情景一完成后，用户单击“返回”按钮想要回退至父页面，此时将触发该页面的 ionViewWillLeave( )函数，之后相继触发 ionViewDidLeave( )函数以及 ionViewWillUnload( )函数，然后该页面会被销毁，并回退到父页面，处于激活状态。

(3) 情景三：在情景一完成后，用户想要跳转至另一个子页面，此时将触发该页面的 ionViewWillLeave( )函数，之后触发 ionViewDidLeave( )函数，此时该页面不再处于激活状态，无法再与用户进行交互，但并没有被销毁。与此同时，子页面也将完成情景一中的生命周期。

(4) 情景四：在情景二完成后，用户想要退出子页面，回退到的父页面将相继触发 ionViewWillEnter( )函数以及 ionViewDidEnter( )函数，并重新被激活。与此同时，子页面也将完成情景二中的页面生命周期。

通过对比可以发现，情景一比情景四多触发了 ionViewDidLoad( )函数，因为此函数只会在页面被创建后触发一次，一般用来进行初始化工作。情景二比情景三多触发了 ionViewWillUnload( )函数，因为此函数只会在页面被销毁前触发一次，一般用来完成资源回收工作。

处理页面生命周期就是处理相应的回调函数，直接将回调函数写在相应的 TypeScript 类中即可，无须进行额外的声明或引用，Ionic3 会自动识别并处理，代码如下所示：

```
import{Component}from '@angular/core';

@Component({
  template:'Hello World'
})
class HelloWorld{
  ionViewDidLoad(){
    console.log("I'm alive!");
  }
  ionViewWillLeave(){
    console.log("Looks like I'm about to leave :(");
```

```
    }
}
```

最后需要说明一下 ionViewDidLoad( )函数与页面构造函数的区别，虽然二者都只会在页面被创建时触发一次，但构造函数的执行顺序先于 ionViewDidLoad( )函数。构造函数只应该用来进行依赖注入操作（详见 5.9.2 节中 Angular4 依赖注入的相关内容），函数体中基本为空，任何初始化工作都应该放在 ionViewDidLoad( )函数中完成，这样可以使代码结构更加清晰合理。

10.2.3　根组件

根组件的概念在 5.5.5 节中首次被提及，根组件起到全局容器的作用，在 Angular4 中对应整个 Web 项目，在 Ionic3 中对应的就是 App 本身。根组件一般被命名为“app.component.ts”，其存放路径可以参考 3.4 节中对 Ionic3 目录结构的梳理。

根组件也具备页面生命周期，但由于根组件的特殊性，只会在整个 App 打开或关闭时触发相应的回调函数，App 内部的页面切换与根组件的页面生命周期并没有关系，因此根组件的页面生命周期需要单独学习，但是并不复杂。

“app.component.ts”有一套比较通用的固定写法，代码如下所示：

```
import {Component} from '@angular/core';
import {Platform} from 'ionic-angular';

@Component({
    template:`<ion-nav [root]="rootPage"></ion-nav>`
})
export class MyApp{

    constructor(private platform:Platform){
        this.platform.ready().then(() =>{
            …
        });
```

```
13.
14.         this.platform.pause.subscribe(() =>{
15.             …
16.         });
17.
18.         this.platform.resume.subscribe(() =>{
19.             …
20.         });
21.     }
22. }
```

在模板层只存在一个 <ion - nav> 标签（第 5 行），用来实现整个 App 内部的页面导航，具体内容将在 10.3 节进行介绍。

在构造函数中需要依赖注入 Platform 对象，用来实现对根组件页面生命周期时间节点的监听，如下所示：

（1）ready()函数（第 10 行）：在 App 首次启动时触发，只触发一次。

（2）pause 事件（第 14 行）：在 App 挂起时触发，每当 App 切换至后台模式时都会触发。

（3）resume 事件（第 18 行）：在 App 恢复时触发，每当 App 切换至前台模式时都会触发，但是首次启动触发 ready()函数时不会触发 resume 事件。

以上页面生命周期时间节点的监听逻辑一般都放置在根组件中，但这并不是必须的，也可以在普通页面组件中完成特定的业务逻辑，只需依赖注入 Platform 对象即可。

10.3 页面导航

10.3.1 基本概念

页面导航也是 Angular4 中已经存在的概念，在 Angular4 中通过路由机制实现，Ionic3 中的页面导航机制有很大的不同，采用了类似原生 App 的栈式导航机制，比路由机制更加简单易用。

所谓栈式导航机制，就是通过一个类似栈的数据结构存储页面导航的历史。最初栈中只存在一个页面，从第一个页面跳转到第二个页面后，就将第二个页面压入栈中，从第二个页面返回第一个页面后，就将第二个页面从栈中弹出。这种后进先出的栈式导航机制无须关注具体的 URL 地址，这便是栈式导航机制与路由机制最大的区别。

在 Ionic3 中，总共有两种组件支持栈式导航机制，一是 <ion-nav> 标签代表的导航组件；二是 <ion-tabs> 标签代表的标签（Tab）组件，这在 6.9 节中已经出现过。由于 Ionic3 的组件可以嵌套，因此栈式导航机制也存在嵌套结构，这种嵌套结构可以理解为父栈与子栈，它们彼此之间独立处理各自的导航逻辑，导航历史互不冲突，这在传统的路由机制中也是不太容易实现的。

10.3.2 根组件导航

在 App 刚启动时会默认加载根组件，根组件中的相关代码如下所示：

```
1.  import{Component,ViewChild}from '@angular/core';
2.  import{NavController}from 'ionic-angular';
3.  import{MainPage, AnotherPage}from '……';
4.
5.  @Component({
6.     template:'<ion-nav #myNav[root]="rootPage"></ion-nav>'
7.  })
8.  export class MyApp{
9.
10.   @ViewChild('myNav') nav:NavController
11.   public rootPage:any=MainPage;
12.
13.   ngOnInit(){
14.      this.nav.push(AnotherPage);
15.   }
16. }
```

根组件的模板层只存在一个 <ion-nav> 标签（第 6 行），用来实现整个 App 内部的页面导航。<ion-nav> 标签的 root 属性用来指定初始的页面组件，可以理解为栈中最底部的元素，页面导航的过程就是栈中元素动态变化的过程。

在处理页面导航的逻辑之前，首先需要通过@ViewChild 装饰器获取 <ion-nav> 标签的引用（第 10 行），将其赋值给 nav 变量，之后便可调用 push( )函数将另一个页面压入栈以实现页面跳转（第 14 行）。

在这个例子中，新页面的跳转发生在 ngOnInit( )函数中（第 13 行），这是 Angular4 原生的页面生命周期回调函数，代表页面初始化完毕。至于为什么不使用 Ionic3 自己的回调函数，Ionic3 的官方文档中并没有说明，笔者在项目实践中发现 Ionic3 自己的回调函数在根组件中存在一些问题，因此姑且先认为这是根组件中一种约定好的写法。

10.3.3 页面组件导航

在普通的页面组件中也存在页面导航，实际上这也是所有导航类型中最常见的一种，代码如下所示：

```
import{Component}from '@angular/core';
import{NavController}from 'ionic-angular';
import{OtherPage}from './other-page';

@Component({
   template:`
    <ion-header>
      <ion-navbar>
        <ion-title>Login</ion-title>
      </ion-navbar>
    </ion-header>

    <ion-content>
      <button ion-button (click)="pushPage()">Go to OtherPage</button>
    </ion-content>
    `
  })
```

```
18.   export class StartPage{
19.
20.     constructor(private navCtrl:NavController){}
21.
22.     pushPage(){
23.       this.navCtrl.push(OtherPage,{
24.         id:"123",
25.         name:"Carl"
26.       });
27.     }
28.   }
```

页面组件中无法直接访问 <ion-nav> 标签，因为它存在于父组件中，不过 Ionic3 中提供了一种更加简单的方式。在页面组件的构造函数中可以依赖注入 NavController 服务（第 20 行），这样便可以直接获取父组件中 <ion-nav> 标签的引用，之后便可以调用 push( )函数实现页面切换，这与根组件中是一致的。

页面组件的模板层中一般都会出现 <ion-navbar> 标签（第 8 行～第 10 行），在 6.3 节中提到过它与页面导航存在关联，具体体现在页面切换时更改标题，以及在左上角显示返回按钮。

在页面导航中还可以进行参数的传递，Ionic3 支持以 JavaScript 对象的形式传递任何类型的参数，只需在调用 push( )函数时传入第二个参数即可（第 23 行～第 26 行），这也是比传统路由机制更简单易用的体现。

以上是父页面的相关内容，接下来让看一下子页面，相关代码如下所示：

```
import {Component} from '@angular/core';
import {NavController, NavParams} from 'ionic-angular';

@Component({
  template:`
  <ion-header>
    <ion-navbar>
      <ion-title>Other Page</ion-title>
```

```
9.          </ion-navbar>
10.       </ion-header>
11.       <ion-content>I'm the other page!</ion-content>`
12.    })
13.    export class OtherPage{
14.
15.      constructor(
16.         private navCtrl:NavController,
17.         private navParams:NavParams
18.      ){
19.           let id = navParams.get('id');
20.           let name = navParams.get('name');
21.        }
22.
23.      popView(){
24.         this.navCtrl.pop();
25.        }
26.    }
```

子页面的构造函数中需要依赖注入 NavParams 服务（第 17 行），这样便可以获取父页面传递过来的参数。实际上只要完成了依赖注入，就可以在 TypeScript 类的任意地方进行获取，不一定非要像本例中一样写在构造函数的函数体中。

当需要从子页面返回父页面时，同样需要在构造函数中依赖注入 NavController 服务（第 16 行），之后便可以调用 pop( )函数将当前页面弹出栈以实现页面跳转（第 24 行）。

10.3.4 标签（Tab）导航

标签（Tab）导航是 Ionic3 中非常神奇的一种导航机制，笔者认为这在原生 App 中也不是十分常见，而且容易使人产生困惑。

可能在大多数人看来，标签只是一种普通的组件。举个最简单的例子，微信主界面底部存在 4 个标签，分别是：“微信”“通讯录”“发现”

“我”。虽然单击不同的标签会切换到不同的页面，但是相应的页面中如果发生页面导航，父页面依然是包含标签的那个微信主界面。

在 Ionic3 中却不像上面描述的那样，当在任何一个标签中触发页面导航后，所有的标签依然显示在页面最底部，只是标签内部的页面发生了变动，此时单击不同的标签依然可以切换到不同的页面。也就是说，Ionic3 会把标签当作一个独立的导航子栈，4 个标签中就会存在 4 套彼此无关联的导航历史。

在笔者看来，标签导航的设计理念非常奇怪，而且第一代 Ionic 中也不是这样的机制。笔者个人依然认为标签只应作为一个普通的组件，不应该参与页面导航，否则会使简单的问题复杂化。目前 Ionic3 的标签导航机制破坏了简单的单栈导航，如果想模仿原生 App 中的效果则不得不采取额外的措施。

如果在标签页面中依赖注入 NavController 服务，只能得到标签本身的导航栈，无法得到真正父页面的导航栈，那么一切导航历史都会被限制在该标签内部。之所以会产生这个问题，是因为依赖注入只会获取最近的那一层服务，但标签的引入使父栈与子栈同时存在，因此一个本来很简单的导航问题就变成了一个需要处理嵌套导航的复杂问题。

要解决这个问题，就需要在标签页面中绕过子栈而直接获取父栈，所幸 Ionic3 中提供了这样的方法，代码如下所示：

```
import {Component} from '@angular/core';
import {App} from 'ionic-angular';
import {AnotherPage} from '…';

@Component({
    templateUrl:'…'
})
export class TabPage{

    constructor(private app:App){}

    private gotoAnotherPage(){
        this.app.getRootNav().push(AnotherPage);
```

```
14.         }
15.     }
```

此时就不再需要依赖注入 NavController 服务了，而是需要依赖注入 App 服务（第 10 行），之后便可以调用 getRootNav( )函数以获取整个 App 的根导航栈（第 13 行），然后再调用 push( )函数，这里不再赘述。

在 Ionic3 升级到 3.5.0 版本之后，getRootNav( )函数被标记为即将被弃用，官方建议使用 getRootNavById( )函数。然而奇怪的是，官方文档中并没有告知如何获取父栈的 id，因此引发了很多人在 GitHub 上的讨论。目前公认的解决办法是使用 getRootNavs( )函数，其返回值是一个数组，取其中第一项即可，代码如下所示：

```
this.app.getRootNavs()[0].push(…);
```

截止到本书成稿时，getRootNav( )函数与 getRootNavs( )函数依然都可以正常使用，但笔者并不能保证读者在拿到本书时依然如此，所以需要读者自行查阅官方文档中的内容进行学习。

10.3.5 NavController API

在构造函数中依赖注入的 NavController 服务具有非常强大的功能，除了已被熟知的 push( )函数以及 pop( )函数之外，其他的常用 API 如下所示：

（1）canGoBack( )：boolean 函数，当存在可以回退的上一个页面时返回 true，否则返回 false（实际上就是判断当前页面是否为根页面）。

（2）canSwipeBack( )：boolean 函数，判断是否可以滑动返回。当没有页面可以回退或者滑动返回被禁用时返回 false，当存在可以回退的页面并且滑动返回启用时返回 true。

（3）insert(insertIndex, page, params)：Promise 函数，在导航栈的指定位置插入一个页面。insertIndex 是 number 参数，代表待插入位置的索引值；page 是 Page 参数，代表待插入的页面组件；params 是 object 参数（可选），代表随页面传递的参数。

（4）length( )：number 函数，返回导航栈中页面的总数量。

（5）pop()：Promise 函数，回退至上一个页面。

（6）popToRoot()：Promise 函数，直接回退至根页面，同时会移除导航栈中的其他所有页面。

（7）push(page, params)：Promise 函数，导航至一个新的页面。page 是 Page 参数，代表待导航的页面组件；params 是 object 参数（可选），代表随页面传递的参数。

（8）remove(startIndex, removeCount)：Promise 函数，在导航栈的指定位置移除一个或多个页面。startIndex 是 number 参数，代表起始移除位置的索引值；removeCount 是 number 参数（可选，默认为 1），代表希望移除的页面数量。

（9）setRoot（page, params）：Promise 函数，设置当前导航栈的根页面，同时会跳转至设定的新页面，并移除导航栈中的其他所有页面。page 是 Page 参数，代表待导航的页面组件；params 是 object 参数（可选），代表随页面传递的参数。

以上只是摘录的部分常用 API，同时刻意规避了 ViewController 的相关内容。目前介绍的这些知识已经可以解决 Ionic3 导航的绝大多数问题，如果读者渴望更深入地了解相关内容，可以参考 Ionic3 的官方文档自行学习。

10.4　全局事件

全局事件是 Ionic3 中非常好用的一种消息传递机制，读者可以将其理解为基于观察者模式实现的事件总线，并且可以在 App 全局进行发布与订阅。由于全局事件相对独立，可以存在于任何页面组件或可复用组件中，因此大大增加了 App 中消息传递的灵活性。

既然是基于观察者模式进行实现，全局事件本质上是一种一对多的关系，但也可以实现一对一的形式。在事件的发布者中，代码如下所示：

```
import {Component} from '@angular/core';
import {Events} from 'ionic-angular';

@Component({
    templateUrl:'…'
```

```
6.  })
7.  export class PublisherPage{
8.
9.      constructor(private events:Events){}
10.
11.     createUser(user){
12.         this.events.publish(' user:created ', user, Date.now());
13.     }
14. }
```

首先需要在构造函数中依赖注入 Events 服务（第 9 行），之后便可以调用 publish( )函数进行事件的发布（第 12 行）。

publish( )函数可以接收多个参数，但第一个参数一定是一个字符串参数，代表事件的名字，其后面可以有任意多个参数，每个参数可以是任意 JavaScript 对象，代表随事件传递的参数。

事件的接收者可以存在多个，代码如下所示：

```
import{Component}from '@angular/core';
import{Events}from ' ionic-angular ';

@Component({
    templateUrl:'…'
})
export class SubscriberPage{

    constructor(private events:Events){}

    ionViewDidLoad(){
        this.events.subscribe('user:crea-ted ', (user, time) =>{
            console.log(' Welcome ', user, ' at ', time);
        });
    }
```

```
16.
17.         ionViewWillUnload(){
18.             this.events.unsubscribe('user:created');
19.         }
20.     }
```

同样需要先在构造函数中依赖注入 Events 服务（第 9 行），之后便可以分别调用 subscribe( )函数以及 unsubscribe( )函数来实现订阅和取消订阅（第 12 行与第 18 行）。

subscribe( )函数接收两个参数，第一个参数是需要订阅的事件名字；第二个参数是另一个函数，这个函数本身又可以携带多个参数，每个参数就对应事件发布时传入的参数。

在页面组件中处理全局事件时，一般需要与页面生命周期回调函数一起使用，通常在页面首次加载后的 ionViewDidLoad( )函数中进行事件订阅（第 11 行 ~ 第 14 行），在页面将要销毁前的 ionViewWillUnload( )函数中取消事件订阅（第 17 行 ~ 第 19 行）。

订阅和取消订阅构成了一个完整的流程，可以防止内存泄露，同时可以保证页面被创建后，即便没有处于激活状态，也依然可以收到消息推送。如果想实现只有在页面处于激活状态时才能接收到消息，则只需将订阅和取消订阅的逻辑移动至 ionViewDidEnter( )函数与 ionViewWillLeave( )函数中即可。

10.5 全局配置

全局配置是 Ionic3 中针对整个 App 进行的配置，需要在根模块中进行设置，全局配置中可以针对 App 的一些全局属性进行配置，代码如下所示：

```
import{IonicApp, IonicModule}from 'ionic-angular';

@NgModule({
  imports:[
    IonicModule.forRoot(MyApp,{
        backButtonText:'Go Back',
```

```
                iconMode:'ios',
                modalEnter:'modal-slide-in',
                modalLeave:'modal-slide-out',
                tabsPlacement:'bottom',
                pageTransition:'ios-transition'
            })
        ]
    })
```

在默认情况下，全局配置中的属性在 Android、iOS、Windows 三大平台保持一致，也支持针对特定平台进行单独定制，代码如下所示：

```
1.  import{IonicApp, IonicModule}from 'ionic-angular';
2.
3.  @NgModule({
4.   imports:[
5.   IonicModule.forRoot(MyApp,{
6.     tabsPlacement:'bottom',
7.     platforms:{
8.       ios:{
9.         tabsPlacement:'top',
10.      }
11.    }
12.  })
13.  ]
14. })
```

在上述这个例子中，先将所有平台标签（Tab）组件的放置位置设定为底部（第 6 行），之后单独针对 iOS 平台改为顶部（第 7 行 ~ 第 11 行）。除此之外，标签组件自身也具备 tabsPlacement 属性（详见 6.9.5 节中的表 6-10），改变这个属性的值将会覆盖全局配置，但只对当前这个标签生效。

全局配置中可供设置的属性如表 10-2 所示。

表 10 – 2　全局配置属性

属性	类型	描述
activator	string	单击按钮时的视觉效果，可以是：ripple、highlight
actionSheetEnter	string	动作菜单展现时的过渡效果
actionSheetLeave	string	动作菜单消失时的过渡效果
alertEnter	string	对话框展现时的过渡效果
alertLeave	string	对话框消失时的过渡效果
backButtonText	string	导航栏中返回按钮的文字
backButtonIcon	string	导航栏中返回按钮的图标
iconMode	string	图标的显示模式，可以是：ios、md
loadingEnter	string	加载框展现时的过渡效果
loadingLeave	string	加载框消失时的过渡效果
menuType	string	菜单的展示类型，可以是 overlay、reveal 和 push
modalEnter	string	模态框展现时的过渡效果
modalLeave	string	模态框消失时的过渡效果
mode	string	App 的显示模式，可以是 ios、md 和 wp
pageTransition	string	页面跳转时的过渡效果
pickerEnter	string	选择器展现时的过渡效果
pickerLeave	string	选择器消失时的过渡效果
popoverEnter	string	浮动框展现时的过渡效果
popoverLeave	string	浮动框消失时的过渡效果
scrollAssist	boolean	是否启用滚动辅助来避免页面底部的输入框被弹出的键盘遮挡
scrollPadding	boolean	是否在键盘弹出时去掉内容的内边距
spinner	string	加载圆圈的样式
statusbarPadding	boolean	是否去除状态栏的内边距

续表

属性	类型	描述
swipeBackEnabled	boolean	是否启用滑动返回功能
tabsHighlight	boolean	是否显示标签被选中时的高亮条
tabsLayout	string	标签布局类型，可以是 icon - top、icon - start、icon - end、icon - bottom、icon - hide 和 title - hide
tabsPlacement	string	标签放置位置，可以是 top 和 bottom
tabsHideOnSubPages	boolean	是否在子页面隐藏标签
toastEnter	string	弹出框展现时的过渡效果
toastLeave	string	弹出框消失时的过渡效果

在一般情况下，不需要对全局配置中的属性进行修改，因为 Ionic3 默认针对不同的平台设置不同的属性值。

在页面组件或是可复用组件中，可以通过在构造函数中依赖注入 Config 服务来实现对全局配置的设置，代码如下所示：

```
config.set('ios','favoriteColor','green');

config.get('favoriteColor','defaultColor');
```

调用 set( )函数可以实现赋值，第一个参数代表需要针对的平台，置空则表示针对全部平台；第二个参数代表需要设定的键；第三个参数代表需要设定的值。

调用 get( )函数可以实现取值，第一个参数代表需要获取的键；第二个参数代表没有取到值时返回的默认值。至于为什么 get( )函数没有针对平台的参数，那是因为 Ionic3 会在运行时自动确定当前设备的平台，因此无须显式指定。

10.6 数据持久化

数据持久化是一种将数据永久保存在本地的机制，即使 App 退出后也不会消失，一般用来保存用户相关的配置信息。

在 Ionic3 中，数据持久化以键值对的形式保存在本地，并且会根据运行平台选取不同的数据持久化引擎。App 中会首选 SQLite，这是原生 App 中的轻量级数据库引擎，不过这需要 Cordova 插件的支持，相关内容可以参见第 11 章。当 SQLite 不被支持时，Ionic3 会按照以下顺序寻找替代方案：IndexedDB、WebSQL、localstorage。

要想使用 Ionic3 的数据持久化功能，需要先在根模块中进行注册（第 7 行），代码如下所示：

```
1.  import{IonicModule}from 'ionic-angular';
2.  import{IonicStorageModule}from '@ionic/storage';
3.
4.  @NgModule({
5.    imports:[
6.      IonicModule.forRoot(MyApp),
7.      IonicStorageModule.forRoot()
8.    ]
9.  })
10. export class AppModule{}
```

完成注册之后，便可以在任何页面组件或可复用组件中使用，代码如下所示：

```
import{Storage}from '@ionic/storage';

export class MyApp{

  constructor(private storage:Storage){}

  private setName(){
    this.storage.set('name','Max');
  }

  private getAge(){
    this.storage.get('age').then((val)=>{
      console.log('Your age is',val);
    });
```

```
15.     }
16.   }
```

首先需要在构造函数中依赖注入 Storage 服务（第 5 行），赋值时调用 set( )函数传入键和值两个参数（第 8 行），取值时调用 get( )函数返回一个 Promise 对象（第 12 行 ~ 第 14 行），之后再进行相应的处理。

Storage 服务的全部 API 如下所示：

（1） driver：string 属性，获取数据持久化引擎的驱动名。

（2） ready( )：Promise 函数，当数据持久化引擎准备就绪时触发。

（3） get(key)：Promise 函数，获取数据值，key 是 any 参数，代表键值。

（4） set(key，value)：Promise 函数，设置数据值。key 是 any 参数，代表键值；value 是 any 参数，代表数据值。

（5） remove(key)：Promise 函数，移除数据值，key 是 any 参数，代表键值。

（6） clear( )：Promise 函数，清空所有数据。

（7） length( )：Promise 函数，获取数据总量。

（8） keys( )：Promise 函数，获取所有键值。

（9） forEach(iteratorCallback)：Promise 函数，迭代所有数据（键值对），iteratorCallback 是回调函数。

10.7 主题样式

10.7.1 分层控制

Ionic3 中通过 SCSS 实现对样式的控制，关于 SCSS 的内容将在下一节进行介绍，读者可以先将其理解为 CSS。

Ionic3 采取了样式分层控制的机制，总共可以分为 4 层，读者可以对照 3.4 节中 Ionic3 的目录结构加深对每一层的理解。

（1） 主题样式："theme" 目录下的 "variables. scss" 用来控制 App 的主题样式。主题样式就好比 App 的皮肤，已经预置好了很多基本样式，只需改变一些变量参数就可以实现使 App 焕然一新的效果。

（2）全局样式：“app”目录下的“app. scss”用来控制 App 的全局样式。全局样式是所有组件共享的样式，全局样式需要开发者手动定制，主题样式则是 Ionic3 已经提供的样式库，这便是二者最大的区别。

（3）局部样式：每个组件也可以拥有自己的 SCSS 文件，用来控制该组件的局部样式。局部样式有两种实现方式：一是 Angular4 中的方式，在 5. 5. 2 节中已经介绍过；二是 Ionic3 中的方式，即将组件的 SCSS 文件、HTML 文件和 TypeScript 文件放置在同一目录下。

（4）内联样式：HTML 的任何标签都可以通过 style 属性设置相应的 CSS 样式，这便是内联样式。

4 层样式控制中，高层次的样式影响范围最广，低层次的样式可以覆盖高层次的样式。因此，主题样式与全局样式都可以影响每一个组件，局部样式与内联样式则可以对具体的组件实现定制化的效果。

需要特别强调的是，采用 Ionic3 的方式实现局部样式，需要保证组件的 selector 属性与 SCSS 文件中的作用域一致。举个具体的例子，组件的 TypeScript 文件中存在如下代码：

```
@Component({
  selector:'page-home',
  templateUrl:'home.html'
})
export class HomePage{
```

经过 Ionic3 渲染后，该组件会以 <page - home> 自定义标签的形式存在于 HTML 中，因此相应的 SCSS 文件中需要作出样式作用域的限定，代码如下所示：

```
page-home{
…
}
```

10. 7. 2　SCSS 简介

传统的 Web 开发中需要使用 HTML、CSS、JavaScript，在 Ionic3 中分别对应 HTML、SCSS、TypeScript。SCSS 与 CSS 的关系就好比 TypeScript 与 JavaScript 的关系，SCSS 是更简单易用的 CSS，完全兼容 CSS 的语法，

并且可以编译生成传统的 CSS 代码。

在传统 CSS 中，如果多处使用了相同的值，需要使用如下写法：

```
.header{
  height:40px;
}

.sub-header{
  height:40px;
}
```

SCSS 支持变量，从而可以大大提高 CSS 的可维护性，实现“一处修改，多处生效”，利用 SCSS 可以改写为如下形式：

```
$control-height:40px;

.header{
  height: $control-height;
}

.sub-header{
  height: $control-height;
}
```

嵌套结构在 CSS 中十分常见，传统的写法如下：

```
body div{
  float:left;
}

body div p{
  font-size:15px;
}

body .myClass{
  color:red;
}
```

虽然是嵌套结构，但传统 CSS 不得不将公有的部分书写多次，而 SCSS 支持真正嵌套式的写法，代码如下所示：

```
body{
  div{
    float:left;

    p{
      font-size:15px;
    }
  }

  .myClass{
    color:red;
  }
}
```

嵌套式的写法可以用来简化代码，除此之外，SCSS 还支持样式之间的继承，从而进一步消除重复代码，代码如下所示：

```
1.  .btn{
2.    border:1px solid #ccc;
3.    padding:6px 10px;
4.    font-size:14px;
5.    background-color:blue;
6.    color:#fff;
7.  }
8.
9.  .btn-custom{
10.   @extend .btn;
11.   background-color:#f36;
12. }
```

SCSS 中通过@extend 关键字实现继承（第 10 行），子类会获取父类的全部样式，同时会覆盖父类中的同名样式，这与面向对象中的继承有几分相似之处。

以上只是 SCSS 语法中的一小部分，有关 SCSS 的高级用法，推荐一篇不错的博文（SASS 用法指南）送给读者（作者：阮一峰）。

博文网址：http://www.ruanyifeng.com/blog/2012/06/sass.html

10.7.3 主题颜色

改变一个 App 样式的最简单的方式就是改变 App 的主题色，Ionic3 的主题色被定义在“variables.scss”中，代码如下所示：

```
1.  $colors:(
2.    primary:    #488aff,
3.    secondary:  #32db64,
4.    danger:     #f53d3d,
5.    light:      #f4f4f4,
6.    dark:       #222
7.  );
```

$colors 相当于一个 SCSS 变量，但是 Ionic3 会对其进行特殊处理。primary 字段指定了 Ionic3 的主题色（第 2 行），其他字段都是辅助颜色，因此在大多数情况下只需要改变 primary 字段的值。

primary 的改变会影响几乎一切 Ionic3 组件，因为很多组件都具有 color 属性，其中设定的值就对应 $colors 变量中的相应字段，代码如下所示：

```
<ion-navbar color="primary">
      <ion-title>Title</ion-title>
</ion-navbar>

 <button ion-button color="secondary">btn
</button>
```

在大多数情况下，只需要在 HTML 文件中修改某个组件的 color 属性即可，但有时可能还需要在 SCSS 文件中获取主题色，代码如下所示：

```
my-component{
  background-color:color($colors, primary);
}
```

最后需要特别强调的是，$colors 中字段的改变会影响全局，因此不要轻易加入新的颜色字段，这会使每个组件的 CSS 文件都增大。在删除不需要的颜色字段时，也应该至少保留 primary 字段，否则会影响 App 的正常运行。

10.7.4　样式覆盖

样式覆盖是在主题样式层面进行修改，因此也需要在“variables. scss”中进行定制。主题样式就像 App 的皮肤，本身已经实现了一整套定制化的样式，但是也可以通过修改其中的 SCSS 变量来实现一部分微调。

Ionic3 的任何一种控件都提供了相应的可调变量参数，并且针对不同平台提供了不同的 SCSS 变量，以实现 Android、iOS、Windows 平台的不同样式效果。这里以动作菜单（Action Sheet）为例，选取一部分 SCSS 变量进行介绍。

三个平台通用的 SCSS 变量如表 10-3 所示。

表 10-3　三个平台通用的 SCSS 变量

变量	默认值	描述
$action-sheet-width	100%	动作菜单的宽度
$action-sheet-max-width	500px	动作菜单的最大宽度

Android 平台的 SCSS 变量（节选）如表 10-4 所示。

表 10-4　Android 平台的 SCSS 变量

变量	默认值	描述
$action-sheet-md-text-align	start	动作菜单的字体对齐方式
$action-sheet-md-background	#fafafa	动作菜单的背景颜色

iOS 平台的 SCSS 变量（节选）如表 10-5 所示。

Windows 平台的 SCSS 变量（节选）如表 10－6 所示。

表 10－5　iOS 平台的 SCSS 变量

变量	默认值	描述
$action－sheet－ios－text－align	center	动作菜单的字体对齐方式
$action－sheet－ios－background	#f9f9f9	动作菜单的背景颜色

表 10－6　Windows 平台的 SCSS 变量

变量	默认值	描述
$action－sheet－wp－text－align	start	动作菜单的字体对齐方式
$action－sheet－wp－background	#fff	动作菜单的背景颜色

仔细观察不难发现，Android 平台的 SCSS 变量均带有 md 字符，iOS 平台的 SCSS 变量均带有 ios 字符，Windows 平台的变量均带有 wp 字符。若要修改某个 SCSS 变量的值，则只需要在“variables. scss”中进行覆写即可。

由于 SCSS 变量的数量非常庞大，每个 Ionic3 控件都不相同，所以本书并没有在相应的章节中一一列举，读者可以参考 Ionic3 的官方文档自行学习。

10.8　字体图标

Ionic3 中提供了一些常用的字体图标。所谓字体图标，其实就是某种特殊的字体，经过浏览器渲染后会以图标的形式展现，这在 Web 前端开发中是非常常见的。

Ionic3 的官方文档中详细列举了所有图标，并且支持快速搜索，如图 10－2 所示。图标分为 Android 与 iOS 两大类，iOS 中又分为实心与空心两种，Windows 平台会使用与 iOS 平台相同的图标。

字体图标实际上也被封装为 Angular4 组件，引用方式如下所示：

```
<ion-icon></ion-icon>
```

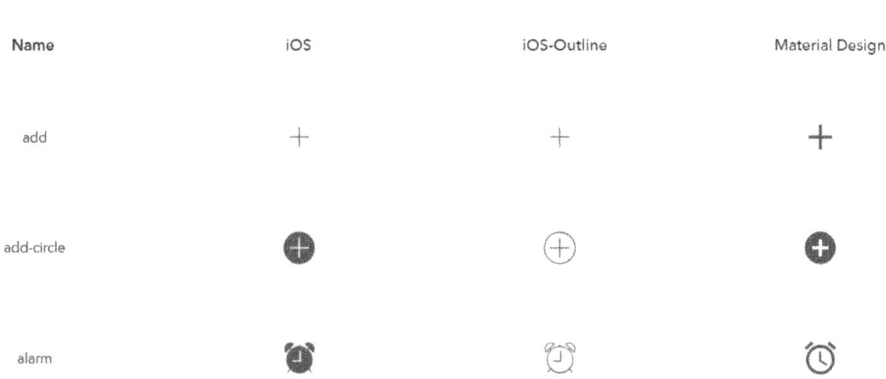

图 10-2　字体图标

通过指定其 name 属性即可设置不同的图标，代码如下所示：

```
<button ion-button color="primary">
    <ion-icon name="add"></ion-icon>
    添加
</button>
```

Ionic3 会根据 App 实际运行的平台自动选取相应的图标，如果想手动设置不同平台想要展示的图标，则需要将代码改写成如下形式。这种情况一般发生在多平台想要展示同一套图标时，比如不论 Android 还是 iOS 都展示 Android 平台的图标。笔者在实际的项目中发现这还是有必要的，因为 iOS 的图标整体偏小，尤其是在导航栏的按钮中。

```
<button ion-button color="primary">
    <ion-icon ios="md-add" md="md-add"></ion-icon>
    添加
</button>
```

第11章 Cordova 插件与 Ionic Native

11.1 完善跨平台体验

到目前为止，本书已经介绍了 TypeScript、Angular4、Ionic3 的相关知识，但是这些只能帮助实现 UI 层面的跨平台，还无法实现真正意义的跨平台。请读者先回顾 1.2.5 节中关于 Cordova 的内容，因为要实现真正意义的跨平台，必须借助 Cordova 插件的力量调用移动平台的原生 API。

不过读者并不需要担心，虽然 Cordova 插件内部非常复杂，但是对外部来说却是透明的，只需要熟知相关 API 即可完成简单的调用工作。除此之外，Ionic 官方还引入了全新的 Ionic Native，进一步简化了 Cordova 插件在 TypeScript 中的调用工作，这在 1.2.6 节中也已经介绍过。

Cordova 插件与 Ionic Native 完善了跨平台体验，使 Hybrid App 的优势逐渐表现出来。完成这一章的学习之后，读者便习得了跨平台问题的完整解决方案，也将具备通过 Hybrid App 进行实际工程开发的能力。

11.2　Cordova 插件库

Cordova 插件的数量非常庞大，当存在调用原生 API 的需求时，可以在 Cordova 官网的插件库中进行查询。

> Cordova 插件库(英文):http://cordova.apache.org/plugins/

虽然 Cordova 插件的数量可以满足要求，但是其质量却良莠不齐，不过那些优质且常用的 Cordova 插件大多已经被 Ionic Native 支持，因此推荐读者优先查阅 Ionic Native 中的内容。

> Ionic Native（英文）：http://ionicframework.com/docs/native/

即便是大幅精简过的 Ionic Native，其所包含的 Cordova 插件数量依然十分可观，但这对于初学者来说却显得过于繁重。笔者根据自身的项目经验，总结出了以下常用的 Cordova 插件，如表 11－1 所示。

表 11－1　常用的 Cordova 插件

插件名称	支持平台	功能描述
Badge	A、I、W	在 App 图标的右上角显示徽章，用来提示未读消息数
Barcode Scanner	A、I、W	条码扫描器，也可以用来识别二维码
Brightness	A、I	控制屏幕的亮度，支持屏幕常亮
Call Number	A、I	调用设备的打电话功能
Camera	A、I、W	调用设备的相机进行拍照，调用设备的相册选取图片，支持简单的裁剪编辑功能，支持输出文件或 Base64 编码
Contacts	A、I、W	获取设备的通信录信息
Document Viewer	A、I、W	查看 PDF 文件，支持本地与在线预览

续表

插件名称	支持平台	功能描述
File	A、I、W	获取文件路径，对文件进行读/写操作
File Chooser	A	文件选择器，可以浏览设备上的文件
File Opener	A、I、W	调用其他 App 打开特定格式的文件
File Transfer	A、I、W	网络传输文件，支持文件的上传与下载
Flashlight	A、I、W	控制设备的闪光灯，可以充当手电筒
Geolocation	A、I、W	调用设备的 GPS 或其他硬件进行定位，支持实时获取位置信息
In App Browser	A、I、W	App 内部的浏览器，相当于原生 App 中的 WebView 控件
Keyboard	A、I、W	控制设备的原生键盘
Local Notifications	A、I、W	本地通知功能，可以在通知栏中创建一条未读消息
Media	A、I、W	调用设备的麦克风进行录音，也可以用作音频播放器
Media Capture	A、I、W	调用设备的摄像头以及麦克风录制视频
Screen Orientation	A、I、W	控制屏幕旋转方向
Screenshot	A、I	获取屏幕截图
Splash Screen	A、I、W	控制 App 启动时的欢迎页面
SQLite	A、I、W	提供设备 SQLite 数据库支持
Status Bar	A、I、W	控制屏幕顶部的状态栏，支持显示隐藏以及更改颜色
Vibration	A、I、W	控制设备的振动器

在表 11-1 的“支持平台”一列中，A 代表 Android，I 代表 iOS、W 代表 Windows。大多数插件都可以同时支持三个平台，因为这些都是受官方支持的常用插件。读者需要特别注意的是，当使用一些相对小众的第三方插件时，其很有可能不支持 Windows 平台，这也是市场份额所决定的。

11.3 安装 Cordova 插件

11.3.1 下载安装

本书以 Camera 插件为例，实现如下功能：调用设备的相册选取一张图片，并且转换为 Base64 编码。其他插件的下载安装过程大同小异，具体命令可以查阅相应的官方文档。

打开命令行，切换到 Ionic3 工程项目目录下，输入以下命令：

```
ionic cordova plugin add cordova-plugin-camera
```

此命令用来下载并安装 Camera 插件，实际下载方式是通过 NPM 仓库实现的，如果目标插件与其他插件存在依赖关系，那么 NPM 也会帮助一并下载所有需要的插件。

读者需特别注意的是，不论是浏览器调试还是模拟器调试，安装、更新、卸载任何 Cordova 插件后，都需要重新编译整个工程项目才会生效，也就是说需要关闭当前窗口并重新运行相应的调试命令。

待其操作完成后，继续输入以下命令：

```
npm install --save @ionic-native/camera
```

此命令用来下载并安装 Camera 插件对应的 Ionic Native，但并不是所有 Cordova 插件都被 Ionic Native 支持，因此这一步骤不是必须的。

待其操作完成后，打开工程项目中的“app. module. ts”文件（根模块），先通过 import 关键字导入 Camera 插件（第 2 行），之后在 providers 数组中加入 Camera（第 6 行），代码如下所示：

```
1.  import{NgModule}from '@angular/core';
2.  import{Camera}from '@ionic-native/camera';
3.
4.  @NgModule({
5.      providers:[
6.          Camera
```

```
            ]
    })
    export class AppModule{}
```

这一步骤也不是必须的，只有当 Cordova 插件被 Ionic Native 支持时才需要进行，因为 Ionic Native 本质上是一个封装好的 Angular4 服务，此处实际上是在声明服务。

11.3.2 使用说明

由于 Ionic Native 是对 Cordova 插件的二次封装，封装形式为 Angular4 服务，因此在调用 Ionic Native 时同样需要进行依赖注入，代码如下所示：

```
import {Component} from '@angular/core';
import {Camera} from '@ionic-native/camera';

@Component({
    selector:'…',
    templateUrl:'…'
})
export class MyComponent{

    constructor(private camera:Camera){}

    private getPicture(){
        let options = {
            quality:100,
            destinationType:this.camera.DestinationType.DATA_URL,
            encodingType:this.camera.EncodingType.JPEG,
            mediaType:this.camera.MediaType.PICTURE
        }

```

```
20.            this.camera.getPicture(options).then((data) =>{
21.                let base64 = 'data:image/jpeg;base64,' + data;
22.            }, (err) =>{
23.
24.            });
25.        }
26.    }
```

首先在构造函数中对 Camera 插件进行依赖注入（第 10 行），之后调用 getPicture( )函数（第 20 行），此时 Camera 插件会执行相应平台的原生代码，跳转到系统相册页面进行图片选择。

getPicture( )函数的返回值是一个 Promise 对象，图片的 Base64 编码会在回调函数中以参数的形式进行返回。Ionic Native 封装后的 Cordova 插件大量使用了 Promise，如果读者对 Promise 还比较生疏，则请复习 5.9.3 节中的内容。

调用 getPicture( )函数时需要传入一个参数，该参数以对象的形式对相关属性进行定制（第 13 行 ~ 第 18 行），完整的属性如表 11 - 2 所示。

表 11 - 2　Camera 插件参数属性

属性	类型	描述
quality	number	图片质量（0 ~ 100），默认为 50
destinationType	number	图片格式：DATA_URL（0）代表 Base64 编码；FILE_URI（1）代表文件；NATIVE_URI（2）代表原生路径；默认为 FILE_URI
sourceType	number	图片来源：PHOTOLIBRARY（0）代表从相册选取；CAMERA（1）代表从相机拍照；默认为 CAMERA
allowEdit	boolean	是否允许对图片进行简单编辑
encodingType	number	图片编码：JPEG（0）；PNG（1）；默认为 JPEG
targetWidth	number	图片缩放后的宽度，必须与 targetHeight 属性配合使用

续表

属性	类型	描述
targetHeight	number	图片缩放后的高度，必须与 targetWidth 属性配合使用
correctOrientation	boolean	是否自动修正图片的旋转方向
saveToPhotoAlbum	boolean	是否将图片保存至系统相册
cameraDirection	number	拍照使用的摄像头：BACK（0）代表后置摄像头；FRONT（1）代表前置摄像头；默认为 BACK

不论是单纯的 Cordova 插件还是经过封装的 Ionic Native，在相应的官方文档中都有详细的使用说明，本节只是以 Camera 插件作为一个例子进行讲解，在具体的开发过程中需要具体问题具体分析。

11.3.3 模拟测试

由于 Cordova 插件需要调用平台的原生代码，故理论上只能通过模拟器进行调试，无法通过浏览器直接进行调试。Ionic3 发布之后情况得到了改善，凡是被 Ionic Native 支持的 Cordova 插件都支持模拟测试。所谓模拟测试，就是通过覆写相应的函数返回静态数据，从而达到在浏览器调试中也能运行的效果。

继续以 Camera 插件为例，首先需要新建一个 TypeScript 类继承自官方的 Camera 类，之后覆写相应的函数，代码如下所示：

```
1.   class CameraMock extends Camera{
2.     getPicture(options){
3.       return new Promise((resolve, reject) =>{
4.         resolve("BASE_64_ENCODED_DATA_GOES_HERE");
5.       })
6.     }
7.   }
```

上述代码中的返回值是静态数据（第 4 行），可以返回任意 Base64 编码以完成相应的测试工作。

之后需要修改“app. module. ts”文件（根模块）中 providers 数组中的内容，用 CameraMock 类替代原先的 Camera 类，代码如下所示：

```
providers:[
    {provide:Camera, useClass:CameraMock}
]
```

这种模拟测试的方法并不是万能的，本质上是欺骗浏览器以使整个流程可以跑通，但是并没有真正测试 Cordova 插件的相关代码是否正确，如果需要实现真正意义上的测试，还是建议读者使用模拟器调试。

11.4　卸载 Cordova 插件

当不再需要某个 Cordova 插件时，需要及时进行卸载操作，否则会影响 App 最终安装包的大小，也会影响 App 首次启动时的性能。还是以 Camera 插件为例，卸载时需要删除插件本身以及相应的 Ionic Native，最后还需要清除“app. module. ts”文件中的相关代码。

打开命令行，切换到 Ionic3 工程项目目录下，输入以下命令：

```
ionic cordova plugin remove cordova-plugin-camera
```

待其操作完成后，继续输入以下命令：

```
npm uninstall --save @ionic-native/camera
```

待其操作完成后，打开工程项目中的“app. module. ts”文件（根模块），删除所有与 Camera 插件有关的代码即可。

11.5　更新 Cordova 插件

11.5.1　更新检测工具

遗憾的是，Cordova 官方一直都没有推出一款更新检测工具，这导致在相当长的一段时间内，开发者不得不手动进行版本号对比。幸运的是，网络高手推出了一款第三方更新检测工具，笔者经过一段时间的试用感觉还不错，因此也将这款工具推荐给读者。

在安装好 Node. js 的基础上，打开命令行，输入以下命令：

```
npm install -g cordova-check-plugins
```

待其操作完成后，切换到工程项目目录下，输入以下命令：

```
cordova-check-plugins
```

这款工具会扫描工程项目中使用到的所有 Cordova 插件，自动完成本地版本号与 NPM 仓库中远端版本号的对比，并将需要更新的 Cordova 插件着重显示出来，如图 11-1 所示。

这款工具并不能检测到 Ionic Native 的更新，不过从经验上来说，当 Cordova 插件需要更新时一般也都需要对 Ionic Native 进行更新。至于如何独立检测 Ionic Native 的更新，这涉及整个 Ionic 系统的更新策略，详见 14. 4. 2 节。

```
***************************
* Plugin update available *
***************************
plugin: code-push
source: npm://code-push
installed version: 1.9.0-beta
remote version: 2.0.2-beta

plugin: cordova-plugin-file
source: npm://cordova-plugin-file
installed version: 4.3.2
remote version: 4.3.3

plugin: cordova-plugin-file-transfer
source: npm://cordova-plugin-file-transfer
installed version: 1.6.2
remote version: 1.6.3
```

图 11-1 更新检测工具

11. 5. 2 更新操作步骤

更新完 Cordova 插件后还需要更新相应的 Ionic Native，但是“app. module. ts”文件中的相关代码不需要作任何改动（除非插件名字发生变动）。Cordova 官方给出的更新方案非常简单，那就是先卸载再重新安装，不过这也是最保险的做法。

有时 Cordova 插件本身并没有发布新的版本，但是相应的 Ionic Native 需要更新，此时其实有更简单的方法来实现这一需求，即切换到工程项目目录下，输入以下命令：

```
npm update --save @ionic-native/camera
```

11.6　不使用 Ionic Native

11.6.1　特殊调用方式

由于 Ionic Native 支持的插件只是全部 Cordova 插件的子集，因此读者还需要了解不使用 Ionic Native 时如何调用 Cordova 插件，其中，最大的问题在于如何在 TypeScript 中直接调用 Cordova 插件暴露的 JavaScript 接口。

本节以极光推送官方提供的 Cordova 插件为例，官方文档中进行初始化操作的代码如下所示：

```
window.plugins.jPushPlugin.init()
```

如果直接将这段代码复制到 TypeScript 中，则会得到图 11－2 所示的报错信息。

```
[ts] Property 'plugins' does not exist on type 'Windo
w'.
any
window.plugins.jPushPlugin.init();
```

图 11－2　报错信息

这是因为 TypeScript 是强类型的语言，在 window 对象上并没有找到 plugins 属性，因此会呈现上述报错信息。解决方案就是将 TypeScript 的强类型降级为弱类型，使 TypeScript 不再对 window 对象进行类型检查。

```
(<any>window).plugins.jPushPlugin.init()
```

将 window 对象标记为 any 类型即可解决这个问题，不过这又引出了一个新的问题：如果在 TypeScript 代码中大量调用类似的接口，那么每个 window 对象都需要进行特殊处理，这也会很麻烦。解决方案就是在 TypeScript 头部进行统一处理，之后就可以完全遵循官方文档的写法，而不用每次都作特殊处理了。

```
declare let window:any;
```

将上面这行代码放置在全部 import 语句之后即可。再进一步遵循 Angular4 服务职责分离的原则，便可以将极光推送的全部 API 封装进一个单独的 TypeScript 服务类中，代码如下所示：

```
import{Injectable}from '@angular/core';

declare let window:any;

@Injectable()
export class MyJPush{

    public init(){
        window.plugins.jPushPlugin.init();
    }
}
```

这样的设计模式有助于对代码进行统一管理，同时使用户自己的服务也具备了依赖注入的特性，方便 TypeScript 进行调用。

11.6.2 改造回调函数

Cordova 插件几乎都包含异步操作，而且绝大部分仍在使用传统的回调函数。Ionic Native 所做的工作之一就是完成了传统回调函数到 Promise 的改造工作，鉴于 Promise 相比传统回调函数有诸多优势，故针对那些未被 Ionic Native 收录的 Cordova 插件，需要手动完成相应回调函数的改造工作。

这一次选取极光 IM 的 Cordova 插件，以发送单聊文字消息为例，经过改造后的代码如下所示：

```
1.     public sendSingleTextMessage (userId: number, text: string){
2.         return new Promise<any>((resolve, reject) => {
3.             window.JMessage.sendSingleTextMessage(userId.toString(),text, null, (data) => {
4.                 resolve(data);
5.
6.             }, (error) => {
7.                 reject(error);
8.             });
9.         });
10.    }
```

window. JMessage. sendSingleTextMessage( )函数的最后两个参数是传统的回调函数（第 3 行），为了完成改造工作，将其放置在一个新建的 Promise 对象中，并且在成功回调函数中执行 resolve( )函数（第 4 行），在失败回调函数中执行 reject( )函数（第 7 行）。当外部调用这个函数时，便可以通过 Promise 对象的形式进行处理，灵活性将大大提高。

第 12 章 CodePush 集成与使用

12.1 声明与建议

本章中的部分内容参考了 CodePush 官方文档，并从中提炼出了常用的基础知识，以方便读者快速入门。CodePush 官方文档均为英文，本书并没有直接翻译相关文档，而是在确保知识点正确的前提下，用中文重新梳理了一遍。

> CodePush 官方文档(英文)：http://microsoft.github.io/code-push/docs/

CodePush 官方文档的授权协议是 MIT License。

12.2 引入热更新机制

在学习这一章的内容之前，请读者先回顾 1.2.7 节中的相关内容。传统的 Native App 无法做到热更新，而 Ionic3 采用了 Hybrid App 的架构，脚本语言天生具备热更新的潜质，因此可以通过引入 CodePush 实现热更新机制。

Ionic3 与 CodePush 本质上并没有什么关联，理论上任何基于 Cordova 开发的 Hybrid App 都可以引入 CodePush，此外，Ionic3 也可以引入其他类似的技术来实现热更新机制。本书之所以选择 CodePush，是因为这项技术已经提供了比较成熟的解决方案，并且是免费且开源的，同时由 Microsoft 这样的大公司进行开发维护，发展前景十分乐观。

CodePush 支持对 HTML、CSS 和 JavaScript 代码进行更新，不支持对原生代码进行更新，因此只适用于 Cordova 插件没有发生变化的情况。此时 App 本身只扮演一个容器的角色，脚本语言相当于容器内的资源，可以自由进行热更新，甚至可以不被用户察觉。

CodePush 由三个部分组成：开发端 CLI、云端仓库和客户端 SDK。由于云端仓库只是微软提供的一个类似云盘的存储媒介，对于开发者而言是透明的，因此本书只讲解开发端 CLI 与客户端 SDK 的相关内容。对于开发者而言，只需要引入这两个部分即可实现完整的热更新机制。

12.3　开发端 CLI

12.3.1　基本概念

开发端 CLI 是一个命令提示符界面，其安装方式已经在 2.4 节中介绍过，其使用体验与 Ionic CLI 类似，目前只能通过命令行进行操作，暂时没有图形界面可以使用。

开发端 CLI 只面向开发者，用户完全感知不到它的存在。开发端 CLI 最常用的功能就是生成并推送新的热更新包，以及对每个热更新包的下载及安装情况进行统计。开发端 CLI 的核心是分支管理与版本控制，这与 Git 非常相似，读者可以在学习 CodePush 的过程中参考 Git 的相关思想，这样可以更加深入地理解 CodePush 的设计理念。

开发端 CLI 是一个管理工具，包含 App 管理、分支管理、版本控制等功能，具备一定的层次结构，如图 12－1 所示。

Ionic3 工程项目是一个主体，可以划分为以下几个层次：

（1）App 管理：由于 Ionic3 具备跨平台的特性，因此一个工程项目会对应多个 App，一般分为 Android App 与 iOS App。

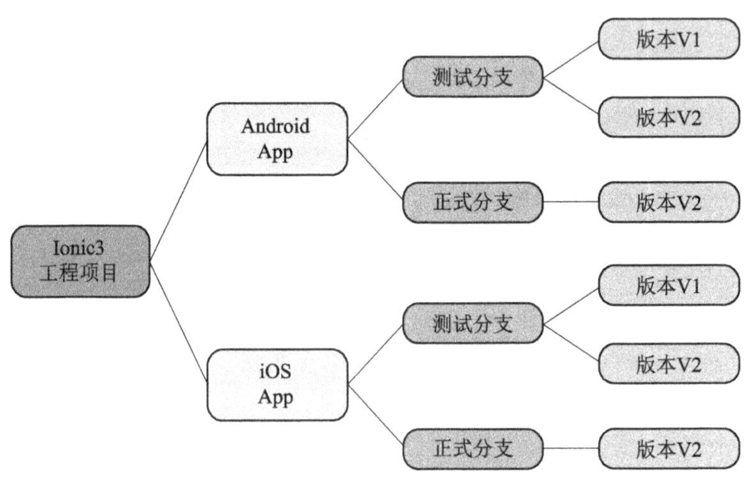

图 12－1　层次结构

（2）分支管理：每个 App 也可以建立不同的分支，一般分为测试分支与正式分支。开发者手中的测试机被设定在测试分支下，终端用户的设备被设定在正式分支下，不同的分支会接收到不同的热更新包。

（3）版本控制：每个分支下又包含不同的版本，每个版本都对应一个热更新包。版本控制支持提升操作，可以将测试分支下验证通过的版本切换到正式分支，版本控制也支持回滚操作，可以回退到上一个热更新包。

12.3.2　注册账号

由于 CodePush 是微软提供的第三方服务，因此需要先注册一个账号。打开命令行，输入以下命令：

```
code -push register
```

这条命令会自动打开系统的默认浏览器，跳转到微软的相关网站（Mobile Center），并提供注册以及登录的入口，如图 12－2 所示。

推荐读者通过 GitHub 账号或者微软账号直接登录，这样便无须注册新的账号。不论采用哪种方式，登录成功之后都会在浏览器页面中显示一串 token，如图 12－3 所示。

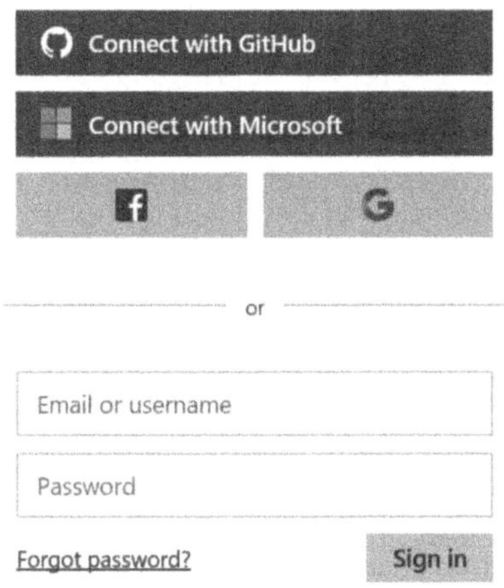

图 12 - 2　注册账号

Authentication succeeded

Please copy and paste this token to the command window:

After doing so, please close this browser tab.

图 12 - 3　账号 token

将这串 token 重新复制到命令行中，按下“Enter”键即可将 token 永久保存到本地，即永久保持登录状态。如果想注销当前的登录状态，则需要输入以下命令：

```
code-push logout
```

12.3.3　App 管理

CodePush 可以同时为多个 App 提供热更新支持，因此需要为每个 App 进行单独的配置。打开命令行，输入以下命令：

```
code-push app add demo_android android cordova
```

这条命令将在 CodePush 中添加一个新的 App,“demo_android” 是 App 的名字。其中,“android” 代表 App 支持的系统平台；“cordova” 代表 App 采用的技术类型。添加成功后会显示两个分支和两个 Key，如图 12 - 4 所示。

```
命令提示符

D:\demoProject>code-push app add demo_android android cordova
Successfully added the "demo_android" app, along with the following default deployments:
| Name       | Deployment Key                                                 |
| Production | iPTvvibZrX0tamHSeQtspOcWOM0c31916fc6-c239-4a02-a91e-cc170aa0e3a5 |
| Staging    | 9Q55gTxezWkDULV9mlGFJipOzyCq31916fc6-c239-4a02-a91e-cc170aa0e3a5 |
```

图 12 - 4 添加 App

CodePush 会为每个 App 都生成两个默认分支，Production 分支代表正式分支，用来存放实际推送给终端用户的热更新包；Staging 分支代表测试分支，用来存放供开发者进行测试的热更新包。每个分支都对应一个全局唯一的 Key，需要在客户端 SDK 中使用，因此请务必妥善保管。

虽然 Ionic3 实现了不同系统平台共享同一套 HTML5 代码，但是当打包各自平台的热更新包时，由于目录结构的差异，还是会存在一些区别。为了避免潜在的问题，可以针对不同平台添加多个 App，这也是 CodePush 官方推荐的做法。因此我们应当为 iOS 平台再新建一个 App，需要输入以下命令：

```
code -push app add demo_ios ios cordova
```

此时我们已经新建了两个 App，当需要查看全部 App 时，需要输入以下命令：

```
code -push app list
```

命令执行成功后，会以列表的形式显示 CodePush 中包含的全部 App，如图 12 - 5 所示。

如果想删除某个 App(以 demo_ android 为例)，则需要输入以下命令：

```
code -push app remove demo_android
```

命令提示符

D:\demoProject>code-push app list

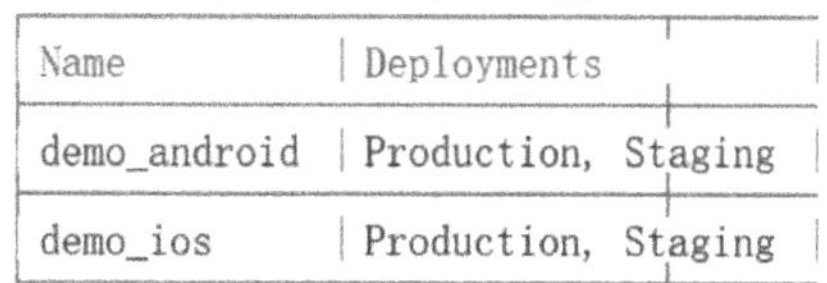

Name	Deployments
demo_android	Production, Staging
demo_ios	Production, Staging

图 12－5　查看全部 App 时的命令执行结果

在删除一个 App 的同时，也将删除该 App 包含的所有热更新包，因此 CodePush 会要求进行二次确认，请谨慎进行操作。

12.3.4　分支管理

上一节提到 CodePush 会为每个 App 都生成两个默认分支，也可以对分支进行定制化管理。分支管理包括增、删、改、查，即添加分支、删除分支、重命名分支、查看全部分支，同时也支持查看某一分支下的全部热更新包，或者清除全部历史记录。打开命令行，输入以下命令：

```
code -push deployment
```

分支管理的全部命令如图 12－6 所示，实际上这是在输入命令不完整时，CodePush 自动给出的命令提示。

命令提示符

```
D:\demoProject>code-push deployment
Usage: code-push deployment <command>

Commands:
  add      Add a new deployment to an app
  clear    Clear the release history associated with a deployment
  remove   Remove a deployment from an app
  rm       Remove a deployment from an app
  rename   Rename an existing deployment
  list     List the deployments associated with an app
  ls       List the deployments associated with an app
  history  Display the release history for a deployment
  h        Display the release history for a deployment

Options:
  -v, --version  Show version number  [boolean]
```

图 12－6　分支管理的全部命令

默认的两个分支适用于绝大多数 App，因此建议读者保持默认即可。如果读者希望进行定制化管理，则可以参考 CodePush 的官方文档自行学习。

12.3.5　推送更新

若要推送一个热更新包，则需要先生成相应的热更新包。CodePush 支持手动生成与自动生成两种方式，手动生成因需要处理大量的细节而容易出错，因此推荐使用自动生成的方式，只需要一个命令就可以实现从生成到推送的全过程。

因为涉及热更新包的生成，所以需要先切换到 Ionic3 工程项目目录下，以 demo_android 为例，输入以下命令：

```
code -push release -cordova demo_android android
```

这条命令实现了发布 Android 热更新包的功能，会将当前工程项目(demo_android)的“platforms\android\assets\www”目录生成一个压缩包，之后自动上传到 CodePush 的云端仓库，如图 12-7 所示。

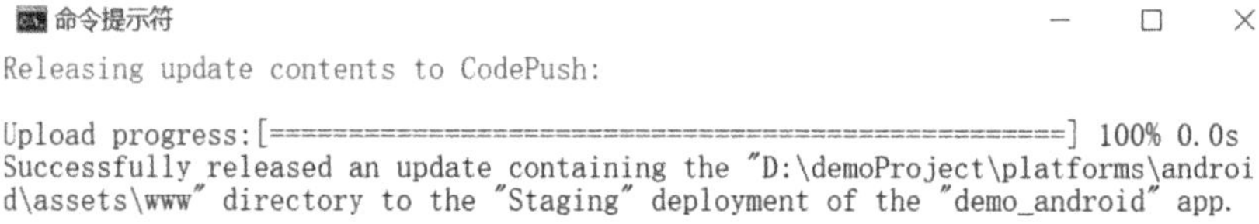

```
命令提示符
Releasing update contents to CodePush:

Upload progress:[==================================================] 100% 0.0s
Successfully released an update containing the "D:\demoProject\platforms\androi
d\assets\www" directory to the "Staging" deployment of the "demo_android" app.
```

图 12-7　推送更新

CodePush 只负责热更新包的生成与推送工作，不负责代码的编译工作，因此在发布热更新包之前，需要先手动完成所有编译工作，具体详见 14.3 节中的内容。

热更新包被默认推送到了 Staging 分支，也就是测试分支，这实际上也是 CodePush 的默认策略，此时只有在测试分支下的测试机才能获取更新，方便及时发现缺陷并修正。如果要直接推送到正式分支，则需要加入额外的“deploymentName”参数，相关命令如下：

```
code -push release -cordova demo_android android -
deploymentName Production
```

上文提到过由于目录结构的差异，需要为 iOS 平台新建另一个 App

(demo_ios)，因此在推送热更新包时也需要进行单独处理，需要输入以下命令：

```
code -push release -cordova demo_ios ios
```

CodePush 不支持对单一热更新包进行删除操作，如果当前推送的热更新包存在缺陷，则只能通过推送一个更新的热更新包间接解决。这就好比 Git 的“commit”命令总会生成一条提交记录，并且会被永久保存下来。

12.3.6　版本控制

App 有自身的版本号，称为大版本号，CodePush 的热更新包也有自己的版本号，称为小版本号。App 的大版本号由 Ionic3 进行设置，命名方式为“2.3.0”，热更新包的小版本号由 CodePush 自动生成，命名方式为“v1”，因此一个完整的版本号应当为“2.3.0 v1”。

CodePush 只能用来更新 HTML、CSS 和 JavaScript 代码以及相应的资源文件，这类更新只需提升小版本号，属于真正意义上的热更新，用户无须重新安装新的 App，这也是 CodePush 的价值所在。但是由于 Cordova 插件的存在，如果在某次更新中新增或更新了任何一个 Cordova 插件，则都会导致原生代码的改动，这时必须打包生成新的二进制安装文件并提交到应用商店。这类更新需要提升大版本号，相当于传统的 App 更新方式，用户需要重新安装新的 App。

由于大版本号与小版本号同时存在，版本控制就显得十分必要，因为如果任何大版本号的 App 都能接收热更新包，那较旧版本的 App 可能会因为缺少相应的 Cordova 插件，在运行时出现不可预知的错误。为了解决这个问题，任何热更新包的小版本号都应当依赖 App 本身的大版本号，只有符合要求的大版本号才能接收到相应的小版本号更新。CodePush 支持灵活的版本控制方案，可以根据实际的业务需要进行定制化的热更新版本控制，如表 12-1 所示。

表 12-1　版本控制

范围表示	范围说明
*	不论运行任何版本号的设备，只要集成了 CodePush，都可以接收到更新

续表

范围表示	范围说明
1.2.3	只有运行特定版本号 1.2.3 的设备，才可以接收到更新
1.2.x	第一版本号为 1，第二版本号为 2，第三版本号为任何值的设备，都可以接收到更新
1.2.3 - 1.2.7	版本号处于 1.2.3（包含）与 1.2.7（包含）之间的设备，都可以接收到更新
> =1.2.3 <1.2.7	版本号处于 1.2.3（包含）与 1.2.7（不包含）之间的设备，都可以接收到更新
~1.2.3	第一版本号为 1，第二版本号为 2，第三版本号不小于 3 的设备，都可以接收到更新
^1.2.3	第一版本号为 1，第二版本号不小于 2，第三版本号为任何值的设备，都可以接收到更新

版本号的限定则需要在推送热更新包时加入额外的“targetBinaryVersion”参数，相关命令如下：

```
code - push release - cordova demo_android android -
targetBinaryVersion 1.2.x
```

如果缺省该参数，则默认为当前 Ionic3 工程项目的 App 大版本号。Ionic3 可以在全局配置文件中指定 App 的版本号，这在 10.1.2 节中已经介绍过。

12.3.7　提升操作

当确认测试分支下的热更新包具备正式发布的条件后，可以重新推送一个热更新包到正式分支，但更简单有效的方法是将测试分支下的热更新包提升到正式分支。以 demo_android 为例，输入以下命令：

```
code - push promote demo_android Staging Production
```

这条命令将选取 Staging 测试分支最新的一个热更新包，保留更新内容与版本号，直接复制到 Production 正式分支，如图 12－8 所示。

```
命令提示符

E:\WQOA>code-push promote wqoa_android Staging Production
Successfully promoted the "Staging" deployment of the "wqoa_android"
 app to the "Production" deployment.
```

图 12－8　提升操作

正式分支下的热更新包与测试分支下的热更新包可以是一一对应的关系，也可以是多个测试分支下的热更新包对应一个正式分支下的热更新包，即经过多次对测试分支的推送才产生一个令人满意的最终版本，此时进行提升操作将合并所有的更改直接进入正式分支。读者可以将 CodePush 的提升操作类比为 Git 的“merge”命令，二者在合并分支的功能上具备一定的相似之处。

12.3.8　回滚操作

当某次推送的热更新包存在严重缺陷，并且又来不及推送一个新的热更新包进行修复时，可以使用 CodePush 提供的回滚操作回退到上一个可用的版本。以 demo_android 为例，输入以下命令：

```
code -push rollback demo_android Production
```

执行回滚操作时，CodePush 会要求进行二次确认，如图 12－9 所示。

```
命令提示符

E:\WQOA>code-push rollback wqoa_android Production
Are you sure? (y/N): y
Successfully performed a rollback on the "Production" deployment of the
 "wqoa_android" app.
```

图 12－9　回滚操作

回滚操作需要指定到具体分支，每个分支都可以独立完成各自的回滚操作。在大多数情况下，人们都会对 Production 正式分支执行回滚操作，因为正式分支直接面向终端用户。

在 Git 中存在“reset”与“revert”两个命令，CodePush 的回滚操作相当于 Git 的“revert”命令，即将上一个版本的热更新包作为一个新的版本重新发布，也就是说会产生一条新的推送记录。

12.3.9 历史记录

Git 中可以通过“log”命令查看历史记录，CodePush 中也有类似的功能。以 demo_android 为例，输入以下命令：

```
code -push deployment history demo_android Production
```

这条命令会生成一个表格，将 Production 正式分支下的全部历史版本列举出来，如图 12 -10 所示。

```
命令提示符

E:\WQOA>code-push deployment history wqoa_android Production

| Label | Release Time                  | App Version | Mandatory |
|-------|-------------------------------|-------------|-----------|
| v1    | 11 minutes ago                | 2.3.0       | No        |
|       | (Promoted v1 from "Staging")  |             |           |
|-------|-------------------------------|-------------|-----------|
| v2    | 3 minutes ago                 | 2.3.0       | No        |
|       | (Promoted v2 from "Staging")  |             |           |
|-------|-------------------------------|-------------|-----------|
| v3    | a minute ago                  | 2.3.0       | No        |
|       | (Rolled back v2 to v1)        |             |           |
```

图 12 -10 历史记录

历史记录中包含所有热更新包，并且对每个热更新包的提升操作以及回滚操作都有明确的标注。

12.3.10 统计数据

CodePush 会自动帮助人们统计每一个热更新包的下载及安装情况，人们可以随时查看相关的统计数据。以 demo_android 为例，输入以下命令：

```
code -push deployment list demo_android
```

只有在真实的环境中才能收集到终端用户的统计数据，因此在演示环境中无法直接为读者提供截图。统计数据中包含以下几个统计项：

（1）Active：当前已经处于这一版本的用户数及百分比，它会随着新升级用户的增长而增长，也会随着用户升级到更高版本而下降，因而显示的是一个实时值。

（2）Total：成功升级到这一版本的用户数，它只会随着新升级用户的增长而增长，永远不会出现下降，可以从侧面反映出当前的用户总数。

（3）Pending：当前已经下载了这一版本，但还没有安装的用户数，它会随着下载量的增长而增长，也会随着安装量的增长而下降。这个统计项出现时，说明该版本的热更新包被设定为重启 App 时安装，具体详见客户端 SDK 中的相关内容。

（4）Rollbacks：当这一版本的热更新包存在致命缺陷时（比如导致 App 启动失败），客户端 SDK 会自动回滚到上一个版本（注意这和开发端 CLI 中的回滚操作不是一个概念），这个统计项也会相应增长。

（5）Rollout：具备获取这一版本资格的用户百分比，用于进行灰度测试，读者可以参考 CodePush 的官方文档自行学习。

（6）Disabled：这一版本是否处于禁用状态，用于控制热更新包是否能被客户端 SDK 检测到，读者可以参考 CodePush 的官方文档自行学习。

12.4　客户端 SDK

12.4.1　基本概念

客户端 SDK 是一个 Cordova 插件，其安装方式与其他 Cordova 插件大同小异，并且已经被 Ionic Native 支持，因此使用起来非常方便。

客户端 SDK 被内置在终端用户安装的 App 中，大多数时候在后台静默运行，用户基本感知不到它的存在。客户端 SDK 需要处理检查更新、下载更新、应用更新等逻辑，具备一定的顺序结构，如图 12 - 11 所示。

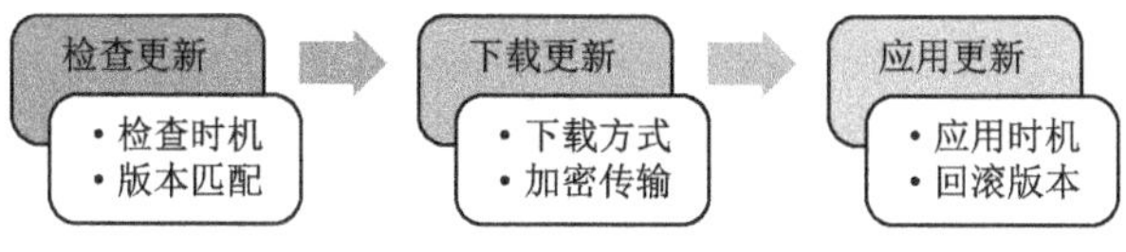

图 12 - 11　顺序结构

以上的每个步骤都进行了高度封装，具体如下：

（1）检查更新：检查时机可以灵活定制，可以是每次 App 启动时自动检查，也可以是用户单击相应按钮手动检查。版本匹配分为两个步骤，首先进行 App 自身大版本号的匹配，在此基础之上再通过 CodePush 小版本号检查更新。

（2）下载更新：下载方式可以灵活选择，可以是检查到更新后自动下载，也可以是征得用户同意之后手动下载。加密传输默认使用 HTTPS 的方式，保障网络传输的安全性，防止推送的热更新包被恶意篡改。

（3）应用更新：应用时机可以灵活定制，可以是下载成功后立即刷新本地文件，也可以是等待下次 App 启动时再应用。当热更新包存在致命缺陷时可以自动回滚到上一个版本，因为客户端 SDK 永远会在本地保存两份热更新包，保障 App 一直处于可用状态。

12.4.2 下载安装

读者可以参考 11.3.1 节中 Cordova 插件下载与安装的内容来学习本节中有关客户端 SDK 的下载与安装的内容，二者在本质上其实是一样的。

打开命令行，切换到 Ionic3 工程项目目录下，输入以下命令：

```
ionic cordova plugin add cordova-plugin-code-push
```

待其操作完成后，继续输入以下命令：

```
npm install --save@ionic-native/code-push
```

待其操作完成后，打开工程项目中的“app. module. ts”文件（根模块），先通过 import 关键字导入 CodePush 插件（第 2 行），之后在 providers 数组中加入 CodePush(第 6 行)，代码如下所示：

```
1.    import{NgModule}from '@angular/core';
2.    import{CodePush}from '@ionic-native/code-push';
3.
4.    @NgModule({
```

```
        providers:[
            CodePush
        ]
    })
    export class AppModule{}
```

以上是通用的 Cordova 插件的下载和安装步骤，在此基础之上，CodePush 还需要进行额外的配置。12.3.3 节中添加 App 时生成了相应的 Key，需要将正式分支对应的 Key 配置到 Ionic3 的全局配置文件中。打开工程项目中的“config.xml”文件，添加如下代码：

```
<platform name="android">
    <preference name="CodePushDeploymentKey" value="…"/>
</platform>
<platform name="ios">
    <preference name="CodePushDeploymentKey" value="…"/>
</platform>
```

需要将 Android 平台与 iOS 平台的 Key 分别添加到配置文件中，并且应当是正式分支对应的 Key，因为 App 最终要面向终端用户。如果读者忘记了当初生成的 Key，则可以通过特定的命令找回，以 demo_android 为例，输入以下命令：

```
code-push deployment list demo_android -k
```

如果要实现动态切换分支的功能，读者可以参考下一节的内容，并且可以跳过“config.xml”中的配置工作。

12.4.3　自动同步

CodePush 被 Ionic Native 封装成了 Angular4 服务，因此在使用前需要在构造函数中进行依赖注入（第 7 行），代码如下所示：

```
1.  import{Component}from '@angular/core';
2.  import{CodePush}from '@ionic-native/code-push';
```

```

@Component(…)
export class MyPage{

    constructor(private codePush:CodePush){}
}
```

CodePush 提供了一个全自动化的 sync( )函数，可以实现检查更新、下载更新、应用更新的整个流程，并且支持对部分配置属性进行灵活定制，推荐读者直接使用这个一劳永逸的函数。

sync( )函数可以接收两个传入参数（均为可选参数），返回值是一个可订阅事件(RxJS 中的 Observable 对象)，其函数结构如下所示：

```
    sync ( syncOptions, downloadProgress ).subscribe
(syncCallback)
```

syncOptions 是一个对象，包含了自动同步过程中的可定制属性，相关属性如表 12－2 所示。

表 12－2　自动同步属性

属性	类型	描述
deploymentKey	string	分支所对应的 Key，默认从“config. xml”文件中读取，也可以在这里进行覆盖，以实现动态切换分支的功能
installMode	InstallMode	安装更新的应用时机，IMMEDIATE 代表立即安装；ON_NEXT_RESTART 代表 App 重启时安装；ON_NEXT_RESUME 代表 App 从后台切换回前台时安装，默认为 ON_NEXT_RESTART
mandatory InstallMode	InstallMode	针对标记为强制安装的热更新包，安装更新的应用时机，选项同上，默认为 IMMEDIATE
minimum BackgroundDuration	number	仅当 installMode 属性为 ON_NEXT_RESUME 时生效，代表安装更新前 App 需要在后台停留的最短时间（单位：s），默认为 0

续表

属性	类型	描述
ignoreFailedUpdates	boolean	是否忽略曾经在本地发生回滚的热更新包，默认为 true
updateDialog	UpdateDialog Options	检测到更新时弹出的对话框，等待用户选择是否下载安装（不建议使用，可能导致 iOS 应用商店审核不通过）

downloadProgress 是一个监控下载进度的回调函数，这个函数包含一个参数，这个参数是一个对象，相关属性如表 12－3 所示。

表 12－3　下载进度属性

属性	类型	描述
totalBytes	number	热更新包的总字节数
receivedBytes	number	当前已下载的总字节数

syncCallback 是一个监控同步状态的回调函数，这个函数包含一个参数，这个参数是一个 SyncStatus 类型的变量，存在以下几种取值情况：

（1）CHECKING_FOR_UPDATE：正在检查更新。

（2）UP_TO_DATE：已经是当前分支下的最新版本。

（3）AWAITING_USER_ACTION：检测到更新，等待用户选择是否下载安装，仅当设置了 updateDialog 属性时才会出现。

（4）DOWNLOADING_PACKAGE：正在下载更新。

（5）INSTALLING_UPDATE：正在安装更新。

（6）UPDATE_INSTALLED：更新已安装，还未应用更新，应用时机取决于 installMode 属性的值。

（7）UPDATE_IGNORED：更新已忽略，仅当设置了 updateDialog 属性时才会出现，即用户选择忽略更新。

（8）IN_PROGRESS：检测到另一个 sync( )函数正在执行，则本次 sync( )函数调用终止。

（9）ERROR：更新过程中出现错误，一般是网络连接出现异常。

综上所述，sync( )函数总共提供了三个可以自由定制的地方，综合这三处可以构成一个完整的例子，代码如下所示：

```
1.    let options = {
2.        installMode:InstallMode.ON_NEXT_RESUME,
3.        deploymentKey:key
4.    };
5.
6.    this.codePush.sync(options,(data) => {
7.         let progress = Math.ceil(data.receivedBytes/data.totalBytes*100);
8.         …
9.
10.    }).subscribe((status:SyncStatus) => {
11.         switch(status){
12.              case SyncStatus.DOWNLOADING_PACKAGE:
13.                 …
14.                 break;
15.
16.              case SyncStatus.UPDATE_INSTALLED:
17.                 …
18.                 break;
19.         }
20.    });
```

这个例子中包含了自动同步属性（第 1 行 ~ 第 4 行），下载进度回调函数（第 6 行 ~ 第 8 行），同步状态回调函数（第 10 行 ~ 第 19 行）。值得注意的是，这个例子可以实现动态切换分支，只需在调用时传入不同的 Key 即可（第 3 行）。

检查更新的时机取决于这段代码何时被调用执行，请读者回顾 10.2.3 节中根组件的页面生命周期，自主选择合适的页面生命周期回调函数即可。

12.4.4 其他 API

除了全自动化的 sync( )函数之外，CodePush 还提供了一些其他 API，不过这些 API 都是所谓的手动挡，虽然有更强的定制化空间，但是需要处理更多烦琐的细节。这些 API 如下所示：

（1） getCurrentPackage(packageSuccess, packageError)：Promise 函数，获取当前热更新包的信息。packageSuccess 是成功回调函数；packageError 是失败回调函数（可选）。

（2） getPendingPackage(packageSuccess, packageError)：Promise 函数，获取等待应用的热更新包的信息，仅当 installMode 属性为 ON_NEXT_RESTART 或 ON_NEXT_RESUME 时存在。packageSuccess 是成功回调函数；packageError 是失败回调函数（可选）。

（3） checkForUpdate(querySuccess, queryError, deploymentKey)：Promise 函数，用于手动检查更新。querySuccess 是成功回调函数，queryError 是失败回调函数（可选）；deploymentKey 是分支所对应的 Key（可选）。

（4） notifyApplicationReady(notifySucceeded, notifyFailed)：Promise 函数，热更新包应用成功后需要手动调用，用于将统计信息回传到开发端 CLI。notifySucceeded 是成功回调函数（可选）；notifyFailed 是失败回调函数（可选）。

（5） restartApplication()：Promise 函数，用于手动重启 App。

这一节只是以蜻蜓点水的方式简单介绍了这些 API，如果需要详细了解这些函数的用法，读者可以参考 CodePush 的官方文档自行学习。需要特别注意的是，CodePush 的官方文档采用的是传统 JavaScript 的语法，因此读者还需要结合相关的 Ionic Native 进行对照学习。

sync()函数已经自动实现了上述所有函数的功能，相比之下无疑更加简单方便，而且适用于绝大多数 App。除非读者有十分特殊的需求，否则还是强烈建议直接使用 sync()函数。

12.5　Mobile Center

细心的读者可能已经注意到，CodePush 与 Mobile Center 存在着千丝万缕的联系，实际上这是开发端 CLI 迈入 2.0 时代后才刚刚起步的新功能。

根据微软官方的描述，Mobile Center 是移动应用的任务控制中心，是一个图形化的操作平台。这意味着在未来的某一天，开发端 CLI 中的功能再也不需要通过命令行进行实现，而是可以直接进行图形化操作。

Mobile Center 官网(英文)：https://mobile.azure.com

目前登录 Mobile Center 之后，已经可以显示出通过开发端 CLI 添加的 App 列表，如图 12 - 12 所示。

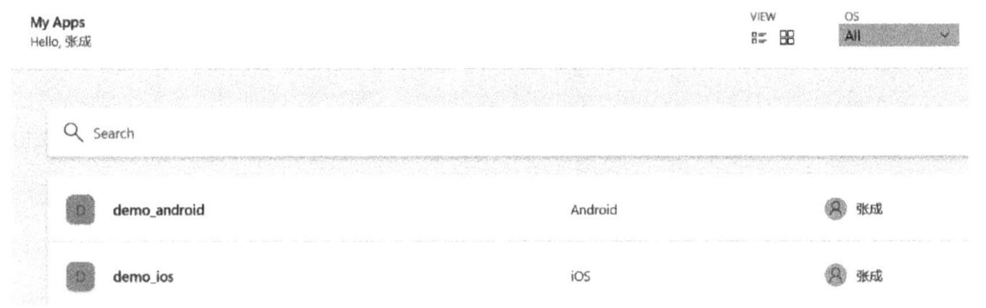

图 12 - 12　App 列表

截至本书成稿时，Mobile Center 依然还不支持 Cordova 平台，如图 12 - 13 所示。

图 12 - 13　暂不支持 Cordova 的界面

虽然目前只能继续使用开发端 CLI，但是笔者将持续关注 Mobile Center 的动态，读者也可以一同关注。相信在未来的某一天，CodePush 热更新技术将会变得更加简单易用。

第 13 章 示例 App 设计与实现

13.1 示例说明

本章将通过一个完整的示例，向读者展示如何通过 Ionic3 与 CodePush 实现一款支持跨平台与热更新的 App，力求让读者对 App 开发的全流程有一个更加清晰的认识。

这款示例 App 是面向某县级政府的移动办公平台，包含通知、资讯、申请、审批、任务、文件柜、签到等功能，如图 13－1 所示。

这款 App 已经在应用商店上线并投入实际使用，服务用户数超过几百人，由此也证明了 Ionic3 与 CodePush 解决跨平台与热更新问题的可行性。

本章的内容不在于功能实现本身，而在于一种通用的框架思维，即笔者在实际开发中摸索出的最佳实践方法，包含页面封装、组件封装、服务封装等封装思想，建议读者在学习之前先复习第 5 章中 Angular4 的相关内容。除此之外，这一章中的一些示例代码也可以被其他 App 复用，从而帮助读者降低 App 的开发难度。

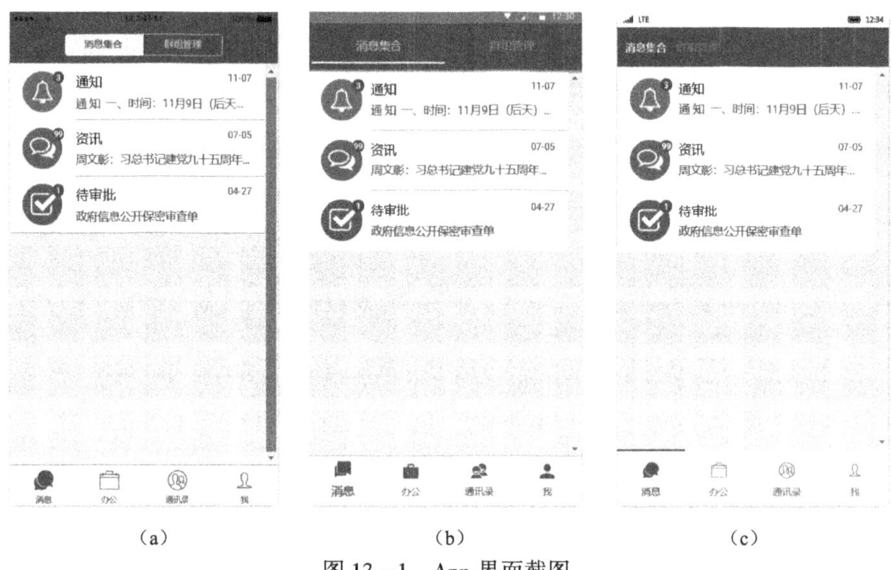

（a）　（b）　（c）

图 13－1　App 界面截图

（a）iOS；（b）Android；（c）Windows

13.2　前期准备

首先参考第 2 章的内容，完成 Ionic3 与 CodePush 的相关环境配置。本章选取 Ionic3 的 tabs 模板，快速搭建起一个 Ionic3 工程项目，相关命令如下所示：

```
ionic start WQOA tabs
```

开发工具选取 Visual Studio Code，打开新建完成的工程项目，参考 10.1.2 节中的内容，修改“config.xml”配置文件中的代码，将 App 的基本信息（包名、版本号、名称、描述信息、Android 与 iOS 的最低版本支持等）调整正确。

关于 App 的图标与欢迎页，可以替换“resources”目录下的“icon.png”文件与“splash.png”文件，之后打开命令行，输入以下命令：

```
ionic cordova resources
```

这条命令会根据本书提供的两个文件，针对不同的操作系统与不同的屏幕分辨率，生成大小不同的多张 App 图标与欢迎页图片，省去了我们手动修图的麻烦。不过使用这项功能需要登录 Ionic 的账号，如果读者需要使用这个自动生成方案，则可以自行注册一个账号。

之后参考 10.7.3 节中的内容，修改“src/theme/variables. scss”文件中的代码，从而实现对 App 主题色的定制。在 10.7.4 节中还介绍了全局样式覆盖的相关内容，最终“variables. scss”文件中的代码（节选）如下所示：

```
$colors:(
  primary:   #5077aa,
  secondary: #ffca28,
  danger:    #f53d3d,
  light:     #f4f4f4,
  dark:      #222
);

$common-background:#f0f1f4;
$refresher-icon-color:color($colors,primary);
$refresher-text-color:color($colors,primary);
$infinite-scroll-loading-color:color($colors,primary);
```

接下来打开“src/app/app. module. ts”文件（根模块），引入 HttpModule 模块以支持网络交互，引入 IonicStorageModule 模块以支持数据持久化。除此之外，还需要设定 iOS 平台页面左上角的返回按钮文字，其他设置项可以参考 10.5 节中的内容。这些操作完成之后，“app. module. ts”文件中的代码（节选）如下所示：

```
import {NgModule, ErrorHandler} from '@angular/core';
import {BrowserModule} from '@angular/platform-browser';
import {HttpModule} from '@angular/http';
import {IonicApp, IonicModule, IonicErrorHandler} from 'ionic-angular';
```

```
import{IonicStorageModule}from '@ionic/storage';

@NgModule({
    imports:[
        BrowserModule,
        HttpModule,
        IonicModule.forRoot(MyApp,{
            platforms:{
                ios:{
                    backButtonText:'返回'
                }
            }
        }),
        IonicStorageModule.forRoot()
    ],
})
export class AppModule{}
```

然后打开“src/app/app. component. ts”文件（根组件），tabs 模板默认集成了 StatusBar 和 SplashScreen 两个 Cordova 插件，实现了修改顶部状态栏颜色以及 App 启动后隐藏欢迎页。除此之外，还需要引入 ScreenOrientation 和 Keyboard 两个 Cordova 插件，分别实现 App 全局旋转锁定以及输入键盘的相关定制。引入这 4 个 Cordova 插件之后，“app. component. ts”文件中的代码（节选）如下所示：

```
constructor(
    private platform:Platform,
    private keyboard:Keyboard,
    private screenOrientation:ScreenOrientation,
    private splashScreen:SplashScreen,
    private statusBar:StatusBar
){
    this.platform.ready().then(() =>{
        if(this.platform.is('cordova')){
            this.splashScreen.hide();
```

```
                this.statusBar.styleLightContent();
                this.statusBar.backgroundColorByHexString('#5077aa');
                this.screenOrientation.lock('portrait');
                this.keyboard.hideKeyboardAccessoryBar(false);
            }
        });
    }
```

关于 Cordova 插件的使用，读者可以参考第 11 章的内容。以上代码被放置在 ready( )函数中，会在 App 首次启动时进行加载，这又涉及根组件的页面生命周期，相关内容可以参考 10.2.3 节。

tabs 模板默认包含 3 个标签页面，父页面对应“src/pages/tabs”目录中的内容，3 个标签作为 3 个子页面，分别对应“src/pages”中其他 3 个子目录中的内容。由于示例 App 中总共存在 4 个标签页面，因此需要先对这部分内容进行相应的修改。示例 App 中的其他页面均是这几个标签页面的延伸，在 10.1.1 节中介绍了如何在根模块中注册新页面，在 10.3 节中介绍了页面导航的相关内容。

这一节的标题被定为“前期准备”，意思是任何一个 App 在开发初期都或多或少会经历以上这几个步骤，因此将其作为一个经验合集分享给读者，相信读者也能更加深刻地体会到第 10 章内容的重要性。

13.3　Ionic3 页面封装

13.3.1　设计思想

App 是由一个个页面组成的，不同的页面会有不同的界面设计以及不同的业务逻辑，但有些页面却具有高度的相似性，可能会产生很多重复代码。

针对这样的页面，可以利用 TypeScript 面向对象的特点，将这些通用的业务逻辑封装在一个统一的父类中。其他相似页面都应当继承这个父类，这样就能消除大量的重复代码，同时使后续维护变得更加方便。

页面封装的思想在于消除代码冗余，实现方式为子类继承父类，这在原生 App 的开发中也是很常用的封装方式。在更大型的 App 中，可能会存在多层的继承关系，甚至任何一个页面都需要最终继承自一个通用的父类。这些需要根据功能需求具体情况具体分析，重要的还是在于封装的设计思想。

页面被放置在“src/pages”目录下，建议读者根据功能点分别建立不同的子目录，通用的父页面可以单独新建一个“common”子目录。再次提醒读者，每次新建一个页面后都不要忘记在根模块中进行注册。

13.3.2 列表页面

在这款 App 中存在大量的列表页面，其业务逻辑都是首次进入时调用某个接口从服务器拉取数据，在拉取过程中需要显示加载框提示用户，下拉刷新以及上拉加载的逻辑也都是通用的。因此，应当将这些重复的部分封装在一个父类中，子类只负责实现具体接口的调用，相应的类图如图 13－2 所示。

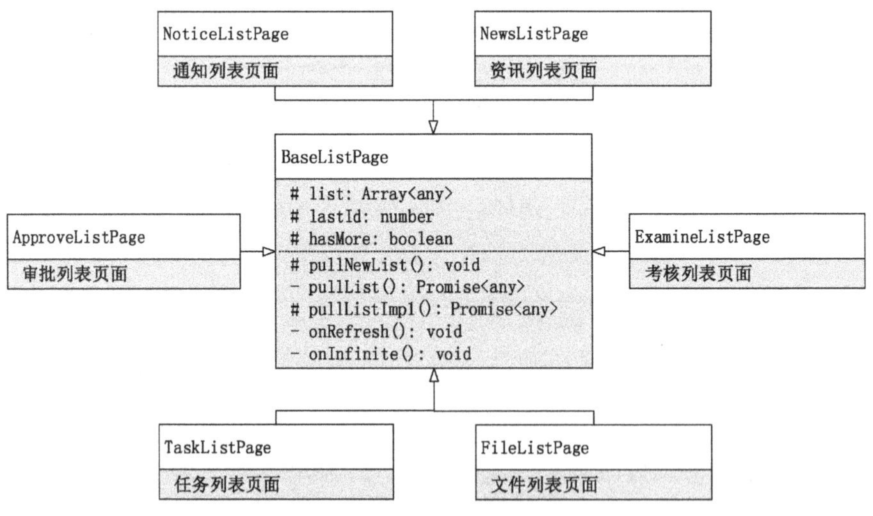

图 13－2 列表页面类图

父类 BaseListPage 是一个抽象类，因为 pullListImpl( )是一个抽象函数，是具体的接口调用，需要由子类来实现，其涉及的网络交互服务详见 13.5.3 节。

父类 BaseListPage 中的代码如下所示：

```
import {MyLoading} from '../../providers/my-loading.service';

export abstract class BaseListPage{

    //列表数组
    protected list:Array<any>;
    //上一条数据id
    protected lastId:number;
    //是否加载更多
    protected hasMore:boolean;

    protected constructor(
        protected myLoading:MyLoading
    ){}

    /**
     *拉取新数据(首次)
     */
    protected pullNewList(){
        this.lastId=0;
        this.hasMore=false;

        this.myLoading.show();
        this.pullList().then(()=>{
            this.myLoading.hide();

        },(error)=>{
            this.myLoading.hide();
        });
    }

```

```
    /**
     *拉取数据(过程)
     */
    private pullList():Promise<any>{
        return this.pullListImpl().then((data)=>{
            if(this.lastId==0)this.list=data;
            else this.list=this.list.concat(data);

            if(data.length==0)this.hasMore=false;
            else this.lastId=data[data.length-1].id;
        });
    }

    /**
     *拉取数据的具体实现,由子类提供接口地址
     */
    protected abstract pullListImpl():Promise<any>;

    /**
     *下拉刷新
     *@param refresher 加载动画
     */
    private onRefresh(refresher){
        this.lastId=0;
        this.hasMore=false;

        this.onInfinite(refresher);
    }

    /**
```

```
62.          *上拉加载
63.          *@param refresher 加载动画
64.          */
65.         private onInfinite(refresher){
66.             this.pullList().then(() =>{
67.                 refresher.complete();
68.
69.             },(error) =>{
70.                 refresher.complete();
71.             });
72.         }
73.     }
```

这段代码中大量使用了 Promise 技术，在 5.9.3 节的末尾提到了一篇介绍 Promise 技术的高水平博文，强烈推荐读者阅读。

父类中的核心函数是 pullList( )(第 35 行～第 43 行)，它被其他函数多次调用。首次加载时通过 pullNewList( )函数进行调用（第 19 行～第 30 行)，下拉刷新时通过 onRefresh(refresher)函数进行调用（第 54 行～第 59 行)；上拉加载时则通过 onInfinite(refresher)函数进行调用（第 65 行～第 72 行)。父类中的 list 变量存放列表数据（第 6 行)；通过 lastId 变量的控制来拉取不同的数据（第 8 行)，以实现数据的分页加载；hasMore 变量代表是否还有数据可以上拉加载（第 10 行)。

以通知列表页面为例，子类 NoticeListPage 中的代码如下所示：

```
import{Component}from '@angular/core';
import{Events,NavController}from 'ionic-angular';

import{BaseListPage}from '../common/base-list.page';
import{NewNoticePage}from './new-notice.page';
import{NoticeDetailPage}from './notice-detail.page';
import{MyLoading}from '../../providers/my-loading.service';
import{WebApi}from '../../providers/web-api.service';
```

```

@Component({
    templateUrl:'notice-list.html'
})
export class NoticeListPage extends BaseListPage{

    //通知类型
    private noticeType = 'myreceived';

    constructor(
        private events:Events,
        private navCtrl:NavController,
        protected myLoading:MyLoading,
        private webApi:WebApi
    ){
        super(myLoading);
    }

    pullListImpl(){
        return this.webApi.getNoticeList(this.noticeType,this.lastId);
    }

    ionViewDidLoad(){
        this.pullNewList();
    }

    /**
     *跳转通知详情页
     *@param notice 通知
     */
    private gotoDetail(notice:any){
```

```
40.             this.navCtrl.push(NoticeDetailPage,{noticeId: notice.id});
41.
42.             //置为已读
43.             if(this.noticeType == 'myreceived' &&! notice.isRead){
44.                 notice.isRead = true;
45.                 this.events.publish('refresh:message');
46.             }
47.         }
48.
49.         /**
50.          *跳转发送通知页
51.          */
52.         private gotoNew(){
53.             this.navCtrl.push(NewNoticePage);
54.         }
55.     }
```

与传统的面向对象语言一样，子类中需要实现父类中的抽象函数 pullListImpl( )(第27行~第29行)。子类中通过调用 WebApi 服务实现了相应的网络交互，不同的子类会有不同的实现方式，从而渲染出不同的列表页面。

ionViewDidLoad( )是 Ionic3 的页面生命周期函数（第31行~第33行），会在页面首次加载时调用，该函数中又调用了父类的 pullNewList( )函数，从而实现了页面首次加载时拉取数据的业务逻辑。

由于父类中依赖注入了 MyLoading 服务（笔者对 Ionic3 加载框服务的二次封装），所以子类中也必须在构造函数中依赖注入 MyLoading 服务，并且调用相应的 super( )函数（第18行~第25行）。如果存在多个子类，那么这样的代码就会重复多次，但是笔者并没有找到比较好的解决办法，因此姑且认为这是 Angular4 依赖注入机制的一个弊端。

通知列表页面是一个页面组件，“notice - list. html”文件是其模板层，负责 UI 界面的部分，渲染效果如图 13 - 3 所示。

（a）　　（b）　　（c）

图 13-3　通知列表页面的渲染效果

（a）iOS；（b）Android；（c）Windows

模板层"notice-list.html"文件中的代码如下所示：

```
<ion-header>
    <ion-navbar color="primary">
        <ion-title>查看通知</ion-title>
        <ion-buttons end>
            <button ion-button icon-only(click)="gotoNew()">
                <ion-icon name="add"></ion-icon>
            </button>
        </ion-buttons>
    </ion-navbar>

    <ion-toolbar color="primary">
        <ion-segment color="light"[(ngModel)]="noticeType"(ionChange)="pullNewList()">
            <ion-segment-button value="myreceived">我收到的</ion-segment-button>
            <ion-segment-button value="mysent">我发送的</ion-segment-button>
        </ion-segment>
```

```
            </ion-toolbar>
    </ion-header>

    <ion-content>
          <ion-refresher my-refresher(ionRefresh)="onRefresh($event)"></ion-refresher>

          <ion-list *ngFor="let item of list">
              <button ion-item(click)="gotoDetail(item)">
                  <ion-avatar item-left>
                        <ion-img[src]="item.userFace"></ion-img>
                  </ion-avatar>
                  <h2[style.color]="item.isRead? 'grey ':''">{{item.summary}}</h2>
                  <div style="color:grey;font-size:13px;margin-top:5px;">
                      <span>{{item.realName}}</span>
                      <span style="float:right;">{{item.time}}</span>
                  </div>
              </button>
         </ion-list>

    <h5 class="list-empty" *ngIf="list&&list.length==0">暂无通知</h5>

    <ion-infinite-scroll my-infinite(ionInfinite)="onInfinite($event)"[enabled]="hasMore"></ion-infinite-scroll>
</ion-content>
```

以上代码中大量使用了 Ionic3 的原生控件，读者可以结合界面渲染图与书中第 6 章～第 9 章的相关知识进行研究。这部分内容不是页面封装的重点，因此不再展开讲解。

13.4　Ionic3 组件封装

13.4.1　设计思想

App 开发属于前端开发，而前端开发的核心之一就是通过各种组件与用户进行交互。Ionic3 已经封装了很多常用的组件，可以通过在 HTML 中自定义标签的形式使用。在实际开发中，有一些页面元素以及相应的交互逻辑会在不同页面中多次出现，这样也会产生很多重复代码。

针对这种情况，应当封装成自定义组件，将复杂的代码抽取出来，在 HTML 中只保留一个自定义标签，这样不但消除了重复代码，而且还会使组件很容易被复用。

组件封装的思想在于复用，将页面分割成好多个小块，每个小块都对应一个组件，App 的页面设计就像拼图一样，同样的一块拼图板可以拼插在不同的页面中。传统的 HTML 标签也具备这样的思想，组件封装其实是更高层的封装，因此要采用自定义标签的形式，这种思想与原生 App 的自定义控件是相通的。

为了方便对组件的管理，在“src”目录下再建立“components”子目录，如果自定义组件繁多，则也可以考虑再建立二级子目录。

13.4.2　条形菜单组件

条形菜单组件仅包含 UI 界面部分，每个菜单项均由相应的图标、标题文字以及右侧的箭头组成。虽然整体的复杂度不高，但是随着使用次数的增加，出现的重复代码也越来越多，按照组件封装的思想，应当封装成一个自定义组件，如图 13-4 所示。

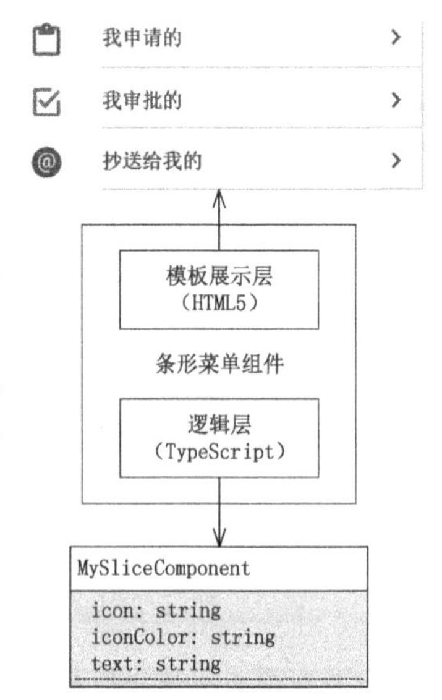

图 13-4　条形菜单组件

任何组件都存在模板展示层与逻辑层两个部分，分别封装了 UI 界面以及业务逻辑，使之在不同的页面都可以复用。条形菜单组件比较简单，逻辑层的 TypeScript 类只包含 3 个成员变量，用来接收外部的输入参数，代码如下所示：

```
1.  import{Component,Input}from '@angular/core';
2.
3.  @Component({
4.      selector:'my-slice',
5.      template:`
6.          <button ion-item>
7.              <ion-icon item-left name="{{icon}}" [style.color]="iconColor? iconColor:'#5077aa'"></ion-icon>
8.              <span>{{text}}</span>
9.              <ion-icon ios="ios-arrow-forward" md="ios-arrow-forward" style="float:right;color:grey;"></ion-icon>
10.         </button>
11.     `
12. })
13. export class MySliceComponent{
14.
15.     //图标
16.     @Input()icon:string;
17.     //图标颜色
18.     @Input()iconColor:string;
19.     //文字
20.     @Input()text:string;
21. }
```

任何组件类都需要通过@Component 装饰器进行修饰（第 3 行），元数据中的 selector 定义了这个组件的 HTML 标签名（第 4 行）；template 则是相应的 HTML 代码（第 5 行～第 11 行），即组件的模板展示层。@Input 装饰器修饰了逻辑层的成员变量（第 15 行～第 20 行），使之与外部 HTML 代码中的输入属性相对应。

在其他页面引用条形菜单组件时，只需要传入不同的输入属性即可，代码如下所示：

```
1.    <my-slice icon="clipboard"iconColor="#ff9500"
  text="我申请的"(click)="gotoList(0)"></my-slice>
2.    <my-slice icon="checkbox-outline"iconColor="#f5af22"
  text="我审批的"(click)="gotoList(1)"></my-slice>
3.    <my-slice icon="at"iconColor="#f56356"text=
  "抄送给我的"(click)="gotoList(2)"></my-slice>
```

条形菜单组件比较简单，作为一个热身示例，可以让读者对自定义组件的写法以及组件封装的思想有一个直观的认识。在理解了条形菜单组件之后，再来看一些相对复杂的图片选择组件。

13.4.3 图片选择组件

图片选择组件需要具备调用手机相册选择图片和调用手机摄像头拍摄图片的功能，这些功能需要相关 Cordova 插件的支持，同时还要将已选择的图片展示出来。在不同的页面，只要是需要选择图片的功能，相应的界面与处理逻辑就都是一致的，因此应当封装为一个通用的组件，如图 13-5 所示。

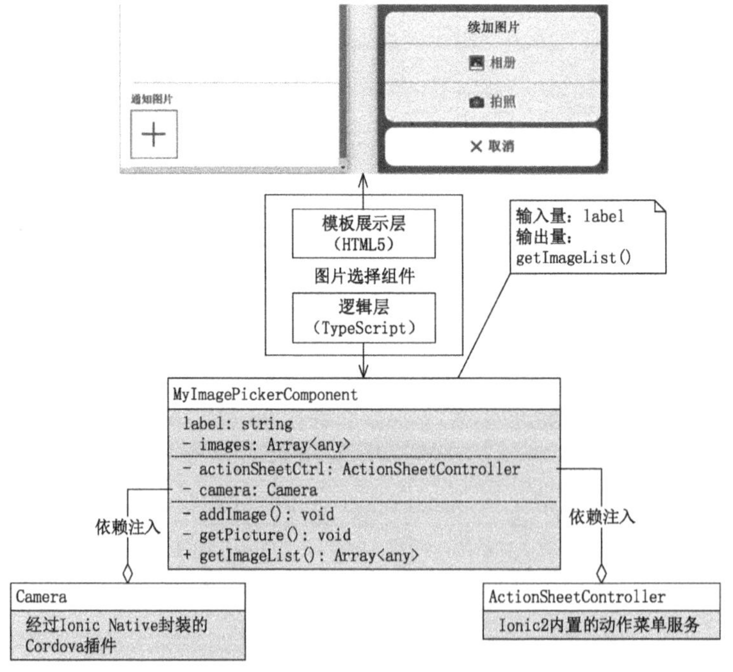

图 13-5 图片选择组件

在组件的逻辑层中，可以通过依赖注入的方式引入相应的服务，进一步将相关的功能聚合在一起。图片选择组件中的代码如下所示：

```
import{Component,Input}from '@angular/core';
import{ActionSheetController}from 'ionic-angular';
import{Camera}from '@ionic-native/camera';

@Component({
    selector:'my-image-picker',
    template:`
        <ion-item>
            {{label}}
            <div>
                <img class="image-item" *ngFor="let image of images;let i=index"[src]="image">
                <div class="image-item"style="border: 1px solid grey;"(click)="addImage()">
                    <ion-icon ios="ios-add"md="ios-add"style="color:grey;font-size:70px;margin-left:16px;"></ion-icon>
                </div>
            </div>
        </ion-item>
    `,
    styles:[`
        .image-item{
            float:left;
            width:70px;
            height:70px;
            margin:7px 7px 0px 0px;
        }
    `]
```

```
})
export class MyImagePickerComponent{

    //文字标签
    @Input()label = '插入图片';

    //所选图片数组
    private images = [];

    constructor(
        private actionSheetCtrl:ActionSheetController,
        private camera:Camera
    ){}

    /**
     *添加图片
     */
    private addImage(){
        this.actionSheetCtrl.create({
            title:'添加图片',
            buttons:[
                {
                    icon:' image ',
                    text:'相册',
                    handler:() => {
                        this.getPicture(0);
                    }
                },
                {
                    icon:' camera ',
                    text:'拍照',
                    handler:() => {
```

```
                        this.getPicture(1);
                    }
                },
                {
                    icon:'md-close',
                    text:'取消',
                    role:'cancel'
                }
            ]
        }).present();
    }

    /**
     *获取图片(base64)
     *@param type 来源类型
     */
    private getPicture(type:number){
        let options = {
            destinationType:0,
            sourceType:type,
            allowEdit:true,
            correctOrientation:true
        };

        //调用原生接口
        this.camera.getPicture(options).then((data) =>{
            this.images.push('data:image/jpeg;base64,' +data);
        },(error) =>{});
    }

    /**
```

```
89.        *获取所选图片列表
90.        */
91.       public getImageList(){
92.          return this.images;
93.       }
94.    }
```

图片选择组件相对复杂，元数据中既包含 HTML 模板（第 7 行～第 17 行），也包含局部 CSS 样式（第 18 行～第 25 行），在实际情况中随着代码量的增加，建议读者将其放置在外部 HTML 文件以及 SCSS 文件中。

addImage()函数负责添加图片（第 43 行～第 68 行），调用了 Ionic3 内置的动作菜单服务，以弹出框的形式供用户选择图片来源，支持从相册选取以及通过摄像头拍照。由于需要通过原生 API 才能操作相册以及摄像头，所以需要引入 Camera 插件完成相应的工作，第 11 章中讲解 Cordova 插件时就是以 Camera 插件为例，读者可以进行参考。在构造函数中进行依赖注入后，即可在 getPicture()函数中调用 Camera 插件的相应函数（第 74 行～第 86 行），获取所选图片并将其转为 Base64 编码。

图片选择组件的业务逻辑全部被封装在了这个 TypeScript 类中，其对外界是透明的，只暴露一个 getImageList()的公共函数以获取全部已选图片。外部调用之前需要在 TypeScript 代码中通过@ViewChild 装饰器获取组件的引用，之后便可调用相应的函数，代码（节选）如下所示：

```
import {ViewChild} from '@angular/core';
import {MyImagePickerComponent} from '../../components/my-image-picker.component';

@ViewChild(MyImagePickerComponent)
private myImagePicker:MyImagePickerComponent;

let imageList = this.myImagePicker.getImageList();
```

在其他页面引用图片选择组件时，同样需要在 HTML 模板中引入 <my-image-picker> 标签，这里不再赘述。

13.5　Ionic3 服务封装

13.5.1　设计思想

App 中除了组件内部的逻辑层外，还存在一些不局限于某个组件，并起到工具、连接件或中间层作用的代码，这些代码需要处理特定的业务逻辑，因此应当将其提取出来形成一个单独的 TypeScript 类。

针对这种情况，遵循 Angular4 服务的思想，将相应的逻辑封装在一个单独的 TypeScript 类中，并且将这些提供服务的类标记为可被依赖注入，从而进一步降低代码之间的耦合度。

服务封装的思想在于解耦，将功能指向性很强的代码封装在一起，这在工程开发中也是一种非常通用的思想。运用 Angular4 服务与依赖注入的思想，可以很方便地降低代码之间的耦合度，实现高内聚低耦合的代码结构。

为了方便对服务的管理，在“src”目录下再建立“providers”子目录，如果自定义服务繁多，则也可以考虑再建立二级子目录。

13.5.2　对话框服务

对话框在 Ionic3 中存在官方支持，具备创建各类对话框的功能，实现任何一种对话框都需要书写一定的代码，详见 8.2 节。在实际的 App 开发中，基本对话框与确认对话框是最常见的两种形式，在多次的使用过程中势必形成很多重复代码，因此应当将这两种对话框的创建过程封装在一个服务中，其服务类图如图 13－6 所示。

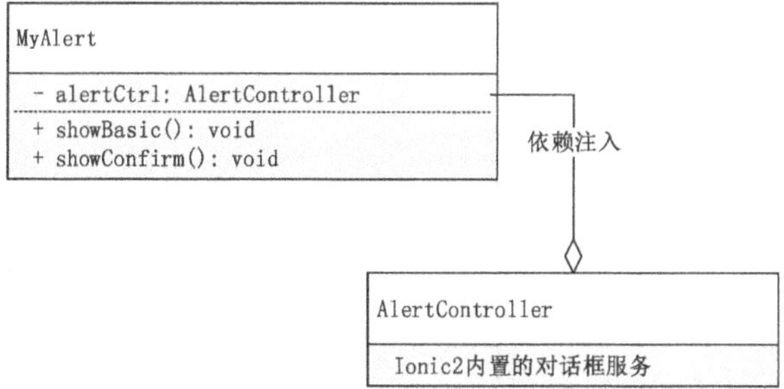

图 13－6　对话框服务类图

Ionic3内置的对话框服务通过依赖注入的方式，在用户自己封装的对话框服务中获取引用，进而完成相应代码的封装。对话框服务中的代码如下所示：

```
import{Injectable}from '@angular/core';
import{AlertController}from 'ionic-angular';

@Injectable()
export class MyAlert{

    public constructor(
        private alertCtrl:AlertController
    ){}

   /**
    *显示基本对话框
    *@param msg 消息
    *@param handler 回调函数
    */
   public showBasic(msg:string,handler?:any){
        this.alertCtrl.create({
            subTitle:msg,
            buttons:[
                {
                    text:'确定',
                    handler:handler
                }
            ]
        }).present();
    }

   /**
    *显示确认对话框
    *@param msg 消息
```

```
31.         * @param handler 回调函数
32.         */
33.         public showConfirm(msg:string,handler:any){
34.             this.alertCtrl.create({
35.             title:'提示',
36.             subTitle:msg,
37.             buttons:[
38.                 {
39.                     text:'取消',
40.                     role:'cancel'
41.                 },
42.                 {
43.                     text:'确定',
44.                     handler:handler
45.                 }
46.             ]
47.            }).present();
48.         }
49.     }
```

@Injectable 装饰器对 TypeScript 类进行了装饰（第 4 行），使其具备依赖注入的特性，这也是服务类的一个重要标志。showBasic( )函数封装了基本对话框的逻辑（第 16 行 ~ 第 26 行）；showConfirm( )函数封装了确认对话框的逻辑（第 33 行 ~ 第 48 行）。这两个函数的第二个参数都是另一个回调函数，但 showBasic( )函数对应的回调函数是可选参数。

外界在调用对话框服务时，只需要在构造函数中进行依赖注入，之后便可将其当作一个普通的对象使用。对话框服务也比较简单，同样作为一个热身示例，为后续讲解网络交互服务做了铺垫。

13.5.3　网络交互服务

在网络交互中，任何一个接口调用在底层均以 GET 或 POST 方法实现，在网络错误时都需要有统一的处理，绝大多数接口也都需要 token 验证机制（类似 Web 开发中的 session 验证）。将这些通用的逻辑封装为一个服务，其类图如图 13－7 所示。

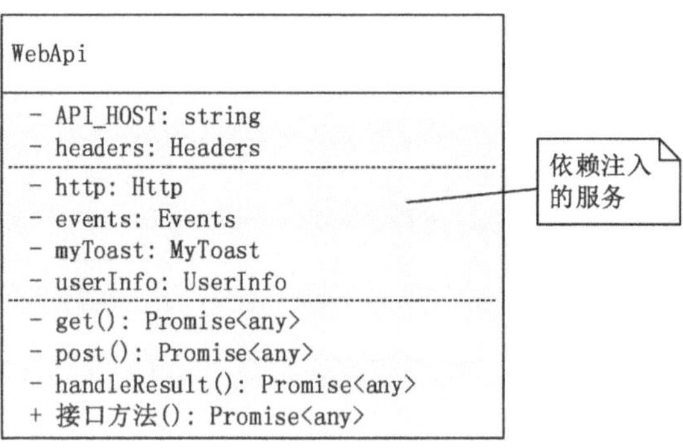

图 13－7　网络交互服务类图

网络交互服务也依赖其他服务，具体通过依赖注入的方式进行提供，其中 Http 服务是 Angular4 中提供的基础服务，封装了很多底层的操作，详见 5.9.4 节。每一个接口调用都在网络交互服务中封装一个接口方法，在方法体中包含接口的具体地址，并且指定了 GET 或 POST 调用方式，返回值是处理过的具体 JSON 对象。

这里先将完整的代码提供给读者，本书会在后面进行详细的讲解。再次提醒读者，由于在网络交互服务中大量使用了 Promise 技术，故请读者务必理解 5.9.3 节中的内容，尤其是末尾提到的那篇介绍 Promise 技术的博文。网络交互服务中的代码如下所示：

```
import{Injectable}from'@angular/core';
import{Headers,Http,Response}from'@angular/http';
import{Events}from'ionic-angular';
import{Storage}from'@ionic/storage';
import'rxjs/add/operator/toPromise';

import{MyToast}from'./my-toast.service';
import{UserInfo}from'./user-info.service';

@Injectable()
export class WebApi{
```

```

        //域名地址
        private API_HOST = '…';
        //请求头
        private headers:Headers;

        public constructor(
            private http:Http,
            private events:Events,
            private storage:Storage,
            private myToast:MyToast,
            private userInfo:UserInfo
        ){}

       /**
        *get 方法
        *@param path 请求路径
        */
        private get(path:string){
            let promise = this.http
                .get(this.API_HOST + path,{headers:this.headers})
                .toPromise();

            return this.handleResult(promise);
        }

       /**
        *post 方法
        *@param path 请求路径
        *@param body 请求体
        */
        private post(path:string,body:any){
```

```
            let promise = this.http
                .post(this.API_HOST + path,body,{headers:this.headers})
                .toPromise();

            return this.handleResult(promise);
        }

        /**
         * 处理网络响应结果
         * @param promise 异步响应结果
         */
        private handleResult(promise:Promise<Response>){
            return promise.then((response:Response) => {
                //正确:转为 json
                return response.json();

            },(error:Response) => {
                //601 错误:token 过期
                if(error.status == 601){
                    this.events.publish('token:expired');
                    if(this.userInfo.token != '')this.myToast.show('登录状态过期');
                }
                //其他错误:网络错误
                else this.myToast.show('网络错误');
                throw error;
            });
        }

        /**
```

```
     *获取用户信息
     */
    public getUserInfo(){
        //读取本地存储
        let getToken = this.storage.get('token').then((data) =>{
            this.userInfo.token = data ||'';
        });

        let getUUID = this.storage.get('uuid').then((data) =>{
            this.userInfo.uuid = data ||'';
        });

        return Promise.all([getToken,getUUID]).then(() =>{
            //生成请求头
            this.headers = new Headers({'token':this.userInfo.token,'uuid':this.userInfo.uuid});

            return this.get('account/getuserinfo').then((data) =>{
                this.userInfo.setExtra(data);
            });
        });
    }

    /**
     *登录
     */
    public login(userName:string,password:string){
        return this.post('account/login',{'userName':userName,'password':password,'uuid':this.userInfo.uuid})
```

```
                .then((data) =>{
                    if(data.code == 'error')throw data.message;

                    //写入本地存储
                    this.storage.set('token',data.data.token);
                    this.storage.set('uuid',this.userInfo.uuid);
                    this.userInfo.token = data.data.token;
                    this.userInfo.setExtra(data.data.userInfo);

                    //生成请求头
                    this.headers =new Headers({'token':this.userInfo.token,'uuid':this.userInfo.uuid});
                });
        }

        /**
         *注销
         */
        public logout(){
            this.storage.remove('token');
            this.storage.remove('uuid');
            this.userInfo.clear();
            return this.get('account/logout');
        }
    }
```

在网络交互服务中还使用了 Ionic3 的全局事件以及数据持久化，用来处理 token 验证的相关逻辑。全局事件可以参考 10.4 节中的内容，数据持久化可以参考 10.6 节中的内容。另外，MyToast 与 UserInfo 是笔者自行封装的服务，分别实现网络错误弹出框以及处理用户信息的功能。

以 13.3.2 节中的列表页面为例，在首次拉取数据时需要进行网络交互，其业务逻辑横跨了多个 TypeScript 类，包括列表页面父类以及网络交互服务类，相应的序列图如图 13－8 所示。

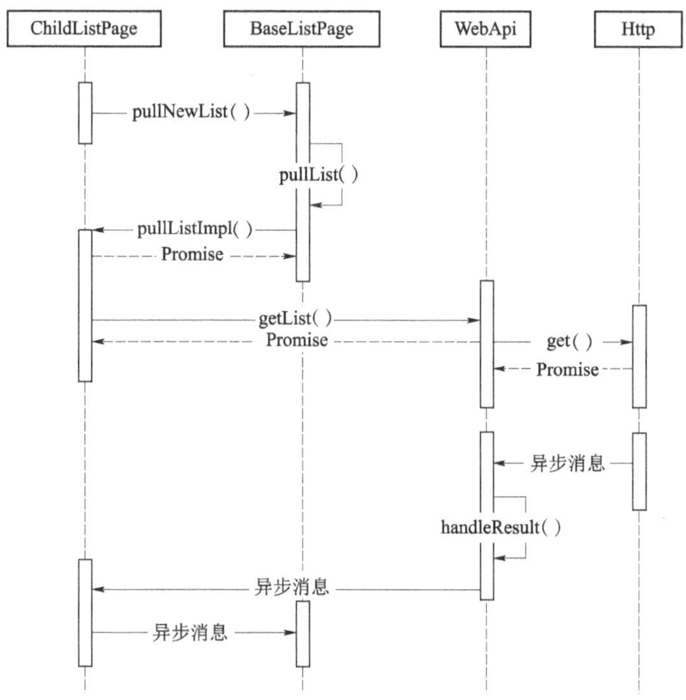

图 13－8　网络交互服务序列图

下面将通过核心代码详细讲解 Promise 的执行流程。

```
ionViewDidLoad(){
    this.pullNewList();
}
```

ChildListPage 类中的 ionViewDidLoad( )函数在页面加载完成后自动触发。

```
/* *
 * 拉取新数据(首次)
 * /
```

```
    protected pullNewList(){
        this.myLoading.show();
        this.pullList().then(() =>{
            this.myLoading.hide();

       },(error) =>{
            this.myLoading.hide();
       });
    }
```

BaseListPage 类中的 pullNewList( )函数被触发，进而触发 pullList( )函数，此时代码同步执行，不进入 then( )函数中的异步代码块。

```
    /* *
     * 拉取数据(过程)
     * /
    private pullList():Promise<any>{
        return this.pullListImpl().then((data) =>{
            ...
        });
    }
```

pullList( )函数又触发了 pullListImpl( )函数，返回值是一个 Promise 对象，由后面的函数创建。此时代码同步执行，不进入 then( )函数中的异步代码块。

```
    pullListImpl(){
        return this.webApi.getList(this.lastId);
    }
```

ChildListPage 类中的 pullListImpl( )函数实现了父类的抽象函数，进而调用网络交互服务，返回值是一个 Promise 对象，由后面的函数创建。

```
    /* *
     * 获取通知列表
     * /
    public getList(lastId:number){
        return this.get('...' +lastId);
    }
```

WebApi 类中的 getNoticeList( )函数被触发，进而触发 get( )函数，返回值是一个 Promise 对象，由后面的函数创建。

```
/**
 *get 方法
 *@param path 请求路径
 */
private get(path:string){
    let promise = this.http
        .get(this.API_HOST + path,{headers:this.headers})
        .toPromise();

    return this.handleResult(promise);
}
```

get( )函数中调用 Angular4 提供的 Http 服务发起网络请求，该请求为异步操作，因此创建了一个 Promise 对象，最后调用 handleResult( )函数并将 Promise 对象以参数形式传入。

```
/**
 *处理网络响应结果
 *@param promise 异步响应结果
 */
private handleResult(promise:Promise<Response>){
    return promise.then((response:Response) =>{
        return response.json();

    },(error:Response) =>{
        throw error;
    });
}
```

handleResult( )函数被触发，因为此时代码仍然同步执行，所以传入的 Promise 对象被立即返回，不进入 then( )函数中的异步代码块。

由于网络具有一定的延迟，所以这个 Promise 对象一直处于等待状态，但因为 Promise 是异步操作，并不影响其他同步代码的执行，故不会出现任何卡顿，这点和 Ajax 的用途是一样的。

在未来的某一刻，收到了服务器的响应并且没有网络错误，此时处于等待状态的 Promise 对象变为成功状态，then( )函数中处理成功逻辑的代码被触发，返回一个 JSON 对象。该 JSON 对象会被上一个 Promise 对象的 then( )函数捕获，这一点充分体现出 Promise 链式调用的特点，代码风格比层层嵌套的回调函数要优雅，这也是比传统 Ajax 先进的体现。

```
return this.pullListImpl().then((data) =>{
    …
});
```

上一个 Promise 对象捕获了 JSON 对象，并将其作为参数传入 then( )函数，执行完毕后默认返回值为 void 类型，可以继续被上一个 Promise 对象捕获。

```
this.pullList().then(() =>{
    this.myLoading.hide();

},(error) =>{
    this.myLoading.hide();
});
```

继续被 then( )函数捕获，从而完成了整个网络请求。

13.6 集成 CodePush

13.6.1 服务封装

CodePush 存在开发端 CLI 与客户端 SDK 两部分，分别对应 12.3 节与 12.4 节中的内容。这一节中只包含客户端 SDK 的相关内容，因为这也是 App 中唯一需要集成的部分。

首先参照 12.4.2 节中的内容完成客户端 SDK 的安装和配置，之后封装一个自己的 CodePush 服务，在“src/providers”目录下新建“my-codepush.service.ts”文件，代码如下所示：

```
import{Injectable}from'@angular/core';
import{AlertController,Events,Platform,PopoverController}from'ionic-angular';
import{CodePush,InstallMode,SyncStatus}from'@ionic-native/code-push';
import{Storage}from'@ionic/storage';

import{UpdatePopover}from'../app/update.component';
import{MyToast}from'./my-toast.service';

@Injectable()
export class MyCodePush{

    constructor(
        private alertCtrl:AlertController,
        private events:Events,
        private platform:Platform,
        private popoverCtrl:PopoverController,
        private codePush:CodePush,
        private storage:Storage,

        private myToast:MyToast
    ){}

    /**
     *获取版本信息
     */
    public getVersion(){
        return{
            name:'2.3.1',
            time:'2017.06.17'
        };
```

```
        }

        /**
         * 获取更新详情列表
         */
        public getDetailList(){
            return[{
                label:'Initial',
                items:[
                    '新增:保密要求页面',
                    '改进:修改密码时判断密码强度',
                ]
            }];
        }

        /**
         * 是否显示更新
         */
    public shouldShowUpdate():Promise<boolean>{
        return this.storage.get('showUpdate').then((data)=>{
            if(data==1)return true;
            else return false;
        });
    }

    /**
     * 设置显示更新
     * @param show 是否显示
     */
    public setShowUpdate(show:boolean){
        if(show)this.storage.set('showUpdate',1);
        else this.storage.set('showUpdate',0);
```

```
        }

        /**
         *发起热更新
         */
        public hotUpdate(){
            this.storage.get('channel').then((channel)=>{
                if(channel=='Disabled')return;

                let key:string;
                //根据推送通道选择 key
                if(channel==null||channel=='Production'){
                    if(this.platform.is('android')) key='…';
                    else if(this.platform.is('ios')) key='…';

                }else if(channel=='Staging'){
                    if(this.platform.is('android')) key='…';
                    else if(this.platform.is('ios')) key='…';
                }

                let options={
                    installMode:InstallMode.ON_NEXT_RESUME,
                    deploymentKey:key
                };

                //自动化同步
```

```
                this.codePush.sync(options,(data) =>{
                //捕获下载进度
                let progress =Math.ceil(data.receivedBytes/data.totalBytes*100);
                this.events.publish('update:progress',progress);

            }).subscribe((status:SyncStatus) =>{
                switch(status){
                    //下载中
                    case SyncStatus.DOWNLOADING_PACKAGE:
                        this.popoverCtrl.create(UpdatePopover).present();
                        break;

                    //已安装
                    case SyncStatus.UPDATE_INSTALLED:
                      this.setShowUpdate(true);
                      this.myToast.show('更新安装成功,重启 App 生效');
                      break;
                }
            });
        });
    }

    /**
     *切换推送通道
     */
    public changeChannel(){
                this.storage.get('channel').then((channel) =>{
```

```
                this.alertCtrl.create({
                    title:'CodePush Channel',
                    inputs:[
                        {
                            //正式通道
                            type:'radio',
                            label:'Production',
                            value:'Production',
                            checked:channel ==null ||channel =='Production'
                        },
                        {
                            //测试通道
                            type:'radio',
                            label:'Staging',
                            value:'Staging',
                            checked:channel =='Staging'
                        },
                        {
                            //禁用
                            type:'radio',
                            label:'Disabled',
                            value:'Disabled',
                            checked:channel == 'Disabled'
                        }
                    ],
                    buttons:[
                        {
                            text:'Cancel',
                            role:'cancel'
                        },
                        {
                            text:'OK',
```

```
148.                     handler:(channel) => {
149.                         this.storage.set('channel', channel);
150.                     }
151.                 }
152.             ]
153.         }).present();
154.     });
155.   }
156. }
```

getVersion( )函数用于向外部提供当前的版本信息（第 26 行 ~ 第 31 行）；getDetailList( )函数用于向外部提供当前的更新详情（第 36 行 ~ 第 44 行），这两个函数可以有更高级的实现方式，这个例子中的静态文本仅用作展示。shouldShowUpdate( )函数用于判断是否需要显示更新（第 49 行 ~ 第 54 行）；setShowUpdate( )函数用于设置是否需要显示更新（第 60 行 ~ 第 63 行），这两个函数配合使用可以实现更新后通知用户，并且只会通知一次。

13.6.2 自动更新

在自己封装的 CodePush 服务中，hotUpdate( )函数用于实现自动更新（第 68 行 ~ 第 109 行），这也是整个服务中的核心部分。

首先通过 Storage 服务从本地读取当前 App 所在的分支(Production 正式分支或 Staging 测试分支)，之后再通过 Platform 服务获取当前 App 所处的系统平台(Android 平台或 iOS 平台)，通过这两者动态选取相应的 Key(第 69 行 ~ 第 81 行)。

接下来调用 CodePush 官方的 sync( )函数完成自动化同步的工作，将安装更新的应用时机设定为 App 从后台切换回前台时安装，相关内容可以参考 12.4.3 节。在下载过程中通过浮动框来告知用户当前的下载进度，安装成功后通过弹出框告知用户需要重启 App 后生效（第 89 行 ~ 第 107 行）。

最后需要设定检查更新的时机，即这段代码何时被调用执行，这涉及 10.2.3 节中根组件页面生命周期的内容，“app. component. ts” 中的代码如下所示：

```
//首次启动
this.platform.ready().then(() =>{
    if(this.platform.is('cordova')){
      //发起热更新
      this.myCodePush.hotUpdate();
    }
});

//后台唤醒
this.platform.resume.subscribe(() =>{
    //发起热更新
    this.myCodePush.hotUpdate();
});
```

在此将检查更新的时机设定为 App 首次启动时以及从后台唤醒时，这主要是为了兼顾 Android 平台与 iOS 平台。在 Android 平台按 Back 键后再启动时会调用 ready( )函数，在 Android 平台与 iOS 平台按 Home 键后再唤醒时会触发 resume 事件。

13.6.3　分支切换

在封装的 CodePush 服务中，changeChannel( )函数用于实现分支切换(第 114 行 ~ 第 155 行)，这是一个可选项。

对于用户来说，分支切换没有意义，而是应该一直保持在正式分支。之所以设计这个功能，是为了方便开发人员在测试分支进行测试，如果将 Key 写死在 App 中，则需要为正式分支与测试分支打包两个安装包，这便降低了灵活性。

由于分支切换属于隐藏功能，因此应该尽量防止用户的误操作。在这款 App 中，将其隐藏在“关于”页面中，并且需要连续单击 5 次页面底部的“Based on Ionic3”才会弹出相应的对话框，如图 13 - 9 所示。

分支切换的实现非常简单，先通过 Storage 服务从本地读取当前所在的分支（第 115 行），然后通过对话框的形式提供可视化的选择（第 116 行 ~ 第 153 行），最后再次通过 Storage 服务将新选择的分支保存在本地（第 149 行）。

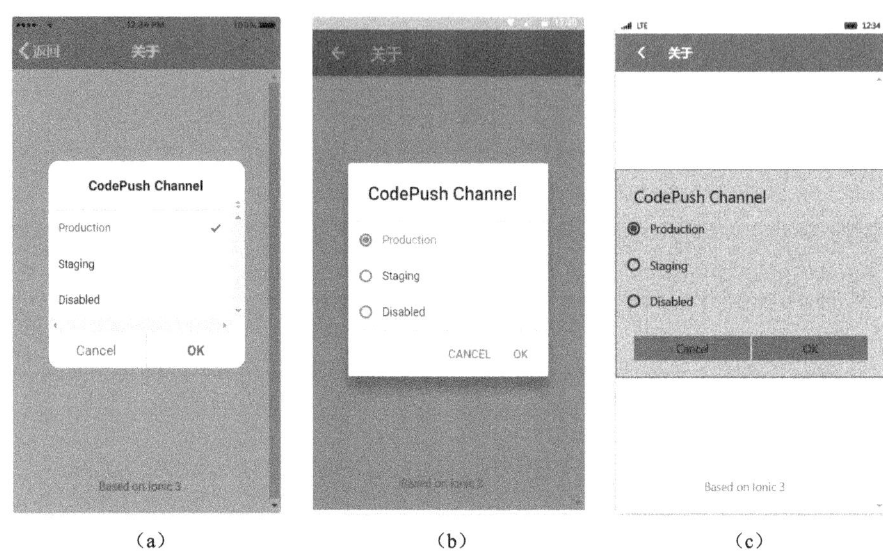

（a） （b） （c）

图 13－9 分支切换

（a）iOS；（b）Android；（c）Windows

第14章 发布到应用商店

14.1 性能优化策略

14.1.1 性能瓶颈

HybridApp 的性能瓶颈主要体现在两个方面：一个是手机本身的硬件性能；另一个是开发阶段的软件优化。

先说硬件层面，Android 平台机型众多，高端旗舰机与低端入门机的性能差距非常大，这对 App 的性能提出了很大的挑战。iOS 平台几乎不存在这个问题，因为 iPhone 本身的性能都十分强大，即便是上一代甚至前一代的 iPhone 也依然能有比较流畅的体验。随着时代的发展以及技术的进步，当今不管是 Android 手机还是 iPhone 手机，硬件性能都比之前有了巨大的飞跃，因此硬件性能的瓶颈效应正在逐步减轻。

再说软件层面，Ionic3 属于 Hybrid App 家族中的一员，相比 Native App 会存在一些性能损耗。由于 Ionic3 使用了 HTML5 的开发技术，因此非常依赖底层浏览器的支持，即各个移动平台 WebView 控件的性能将直接影响 Ionic3 的性能。移动终端设备众多，WebView 控件也是各式各样，尤其是 Android 平台碎片化严重，这些都对 App 的性能提出了挑战。

用户无法决定终端设备本身的硬件性能，因此性能优化策略只能从软件层面下手：一方面是提高底层 WebView 的性能；另一方面是优化用户自己的代码。接下来本书逐一讲解每一种性能优化策略，经过优化后的 Hybrid App 在性能上会有一个巨大的飞跃，在 iOS 平台将完全感受不到与 Native App 的差别，而在 Android 平台，即便是中低端机也会有比较流畅的体验。

14.1.2　Crosswalk

针对 Android 平台的 WebView 控件，Crosswalk 可以实现性能优化。

Crosswalk 是一款基于 Chromium 内核的第三方 Web 引擎，可以用来替代 Android 自带的 WebView，从而解决 Android 不同系统版本 WebView 性能不统一的问题。Crosswalk 保持与 Chromium 内核的同步更新，从而保证对最新 Web 技术的良好支持，尤其是对 HTML5 众多特性的支持。

由于需要将一个浏览器内核打包进 App，所以最终的安装包体积会明显增大。由于系统自带的 WebView 也默认使用了 Chromium 内核，所以对于 Android4.4 及之后的版本，Crosswalk 的优势不再明显，只是由于 Chromium 的内核是最新的，其性能还会有小幅的提升。

Crosswalk 以 Cordova 插件的形式提供，只面向 Android 平台。引入 Crosswalk 的步骤与普通 Cordova 插件的安装方式相同，需要先切换到 Ionic3 工程项目目录下，之后再打开命令行并输入以下命令：

```
ionic cordova plugin add cordova-plugin-crosswalk-webview
```

笔者的建议是，如果不需要兼容 Android4.4 及以下的机型，那么就不需要引入 Crosswalk，因为相比巨大的安装包体积，有限的性能提升并不值得。如果需要支持 Android4.4 及以下的机型，则也可以考虑提供两个安装包：一个引入 Crosswalk；另一个将最低 Android 版本要求设定为 5.0，这样或许是一种更优的解决方案。

有关 Crosswalk 的更多内容，读者可以查看 GitHub 上的相关项目。

Crosswalk 插件的 GitHub 项目(英文)：

https://github.com/crosswalk-project/cordova-plugin-crosswalk-webview

14.1.3　WKWebView

针对 iOS 平台的 WebView 控件，WKWebView 可以实现性能优化。

WKWebView 是 iOS8 之后系统内置的新一代 WebView，用来替代自 iOS2 就存在的 UIWebView。由于采用了新一代的技术，所以相比 UIWebView，WKWebView 在性能、稳定性、功能等方面都有巨大的提升，并且支持更多的 HTML5 特性。在内存占用方面，WKWebView 只有 UIWebView 的几分之一，进步相当明显。

由于 WKWebView 是 iOS 自带的，Cordova 插件只是用来开启这个特性，所以不存在 Android 平台牺牲安装包体积的负面作用。虽然 WKWebView 是 iOS8 就引入的新特性，但是 Cordova 插件的支持要求必须是 iOS9 及以上，如今 iOS11 已经开始推送，WKWebView 也基本发展成熟了。

WKWebView 以 Cordova 插件的形式提供，只面向 iOS 平台。引入 WKWebView 的步骤与普通 Cordova 插件的安装方式相同，需要先切换到 Ionic3 工程项目目录下，之后再打开命令行并输入以下命令：

```
ionic cordova plugin add cordova-plugin-ionic-webview
```

笔者强烈建议引入 WKWebView，因为当今运行 iOS9 以下的设备已经非常少了，不存在后顾之忧。Ionic 官方近期也宣布，将在未来默认集成 WKWebView 到官方示例模板中，因此 WKWebView 既是大势所趋，也是众望所归。

有关 WKWebView 的更多内容，读者可以查看 GitHub 上的相关项目。

WKWebView 插件的 GitHub 项目(英文)：

https://github.com/ionic-team/cordova-plugin-ionic-webview

14.1.4 预编译与摇树优化

Angular4 有一项撒手锏级别的功能，既可以加快应用的运行速度，又可以降低应用的打包体积，那就是预编译与摇树优化。在介绍这项“黑科技”之前，需要先引出 Angular4 支持的两种编译方式：即时编译(Just in Time，JIT)与预编译(Ahead of Time，AOT)。

Angular4 包含特殊的语法规则，为了保证浏览器的正常渲染，相关代码必须被转换为标准 JavaScript。采用 JIT 的方式，一方面编译过程需要在浏览器中完成，因此加载时间会变长；另一方面编译器需要包含在其中，所以文件体积也会更大。由于 Ionic3 基于 Angular4，因此 Ionic3 也需要浏览器的支持，其对应的是各个移动平台的 WebView 控件，所以 JIT 也会带来性能损耗。

为了解决这个问题，可以采用 AOT 代替 JIT，AOT 与 JIT 所用的编译器没有区别，只是编译的时机和使用的工具不同。采用 JIT 的方式，编译器在每次运行期间都要进行调用，采用 AOT 的方式，编译器仅在构建期间运行一次。

AOT 的优势有很多，由于已经完成了首次编译，故浏览器可以直接加载代码进行渲染工作。编译器将 HTML 代码与 CSS 代码也整合进了 JavaScript 代码中，从而省去了运行时的加载时间。除此之外，Angular4 编译器也不再需要，因此可以降低应用的体积。

虽然 AOT 有以上诸多优势，但是却存在一个相当大的劣势，那就是编译过程非常缓慢。不论是 Angular4 还是 Ionic3，在调试阶段都会建立一个 Node. js 服务器，用来实现对代码修改的动态部署，如果单纯采用 AOT 就会严重降低开发效率，这也是 Angular4 默认采用 JIT 的原因，AOT 则用于正式打包的环节，这无疑是一种两全其美的解决方案。

AOT 为接下来的摇树优化奠定了基础，摇树优化的过程就是依赖图谱遍历的过程，可以清除从未使用过的引用代码，就好比将圣诞树上死掉的松针摇落一样，因此得名摇树优化。

摇树优化可以显著降低应用的体积，尤其是针对小型应用，大量的 Angular4 特性都没有被用到，这也正是摇树优化的用武之地。AOT 可以将绝大多数源代码转换为标准 JavaScript 代码，这为摇树优化提供了很大的便利，从而可以进一步缩减应用的体积。

纯粹的 Angular4 需要进行一定的配置才能使用 AOT，Ionic3 则大大简化了这一流程。由于 AOT 只用于最终的打包环节，因此本书将在 14.3 节中介绍其使用方法。

14.2　安全加固策略

14.2.1　安全风险

Hybrid App 的安全风险主要体现在两个方面：一个是源代码容易泄露；另一个是源代码容易被篡改。

先说源代码泄露的问题。NativeApp 的开发语言是编译型的语言，因此安装包中几乎不存在源代码，但 Ionic3 使用了 HTML5 的开发技术，脚本语言虽然实现了跨平台，但会将所有源代码暴露在安装包中，如果不经任何处理，那么任何人都可以通过解包的方式轻松获取全部源代码，这样将没有任何安全性可言。

再说源代码被篡改的问题。在源代码泄露的基础上，任何人都可以随意修改代码，然后重新打包生成一个包含恶意代码的 App，以达到混淆视听的目的，甚至可能会诱导用户下载错误的 App，这样的后果无疑更加严重。

鉴于源代码泄露是问题的根源，因此安全加固策略还是要从防止源代码泄露下手，这样也就同时降低了源代码被篡改的风险。接下来的章节将逐一讲解每一种安全加固策略，经过加固后的 Hybrid App 在安全性上会提升一个档次，从而有效避免上述的两个问题。

14.2.2　代码压缩与代码混淆

代码压缩是将源代码中的空格与空行全部删除，同时清除所有注释，使源代码乱作一团，从而降低了可读性。

代码混淆一般建立在代码压缩的基础上，将源代码中的各种元素（变量名、函数名、类名等）转换成无意义的字符，其虽然在功能实现上依然等价，但源代码已经难以被人类理解，进一步降低了可读性。

代码压缩与代码混淆结合使用后，相当于对源代码进行了加密处理。Ionic3 在选取 AOT 作为编译方式时，因为是面向最终产品的正式打包，将会自动完成代码压缩与代码混淆，本书将在 14.3 节中介绍打包的方法。

AOT 还将 HTML 代码与 CSS 代码也整合进了 JavaScript 代码中，这使解析源代码变得更加困难，经过加密处理的代码如图 14－1 所示。

main.js ×

```
!function(t){function e(i){if(n[i])return n[i].exports;var r=n[i]={i:i,l:!1,exports
r.exports,e),r.l=!0,r.exports}var n={};return e.m=t,e.c=n,e.i=function(t){return t},
Object.defineProperty(t,n,{configurable:!1,enumerable:!0,get:i})},e.n=function(t){va
t.default}:function(){return t};return e.d(n,"a",n),n},e.o=function(t,e){return Obje
e.p="build/",e(e.s=931)}([function(t,e,n){"use strict";Object.defineProperty(e,"__es
"createPlatform",function(){return i._6}),n.d(e,"assertPlatform",function(){return i
{return i._8}),n.d(e,"getPlatform",function(){return i._9}),n.d(e,"PlatformRef",func
"ApplicationRef",function(){return i.S}),n.d(e,"enableProdMode",function(){return i.
i.s}),n.d(e,"createPlatformFactory",function(){return i.A}),n.d(e,"NgProbeToken",fur
function(){return i.u}),n.d(e,"PACKAGE_ROOT_URL",function(){return i._11}),n.d(e,"Pl
),n.d(e,"APP_BOOTSTRAP_LISTENER",function(){return i._12}),n.d(e,"APP_INITIALIZER",f
"ApplicationInitStatus",function(){return i._13}),n.d(e,"DebugElement",function(){re
{return i._15}),n.d(e,"asNativeElements",function(){return i._16}),n.d(e,"getDebugNo
"Testability",function(){return i.C}),n.d(e,"TestabilityRegistry",function(){return
function(){return i.V}),n.d(e,"TRANSLATIONS",function(){return i._18}),n.d(e,"TRANSl
n.d(e,"LOCALE_ID",function(){return i.x}),n.d(e,"ApplicationModule",function(){retur
{return i._20}),n.d(e,"wtfLeave",function(){return i._21}),n.d(e,"wtfStartTimeRange'
```

图 14－1 经过加密处理的代码

除此之外，由于 Ionic3 使用了 TypeScript 作为开发语言，故源代码最终会被转换成特殊形式的 JavaScript 代码，这一过程无法逆转，无形中也是对源代码的进一步保护。尝试研读混淆后的代码已经比较困难，更何况只能看到被转换后的 JavaScript 代码，依然无法获取真正的 TypeScript 源代码，因此经过安全加固后，Ionic3 的安全性将会比一般的 HTML5 开发技术更高。

14.2.3 签名机制

经历了代码压缩与代码混淆后，其他人已经很难读懂开发者的代码，但是这并不能阻止他人添加新的恶意代码，并且重新打包生成新的安装包。单纯的代码压缩与代码混淆并不能解决代码被篡改的问题，因此还需要引入签名机制。

签名机制实际上是 Native App 开发中的一种安全机制，其原理是通过可靠的加密算法生成一个证书，并且将这个证书集成进 App 的安装包中，这相当于给 App 颁发了一个有效证件。不论是 Android 还是 iOS，都只允许安装经过签名的 App，并且在升级时必须保证 App 的全局标识符（包名，参考 10.1.2 节中的 id 属性）和签名文件与上一个版本的 App 保持一致，否则会被拒绝安装。

由于 Hybrid App 最终也需要打包生成 Native App 形式的安装包，因此签名机制同样适用，这样即使其他人通过同样的包名进行打包，也无法获取真正的签名文件，从而保证开发者的合法权益不被侵犯。当然从另一方面来说，开发者务必妥善保管自己的签名文件与相应的密钥，泄露会带来巨大的安全风险，遗失则会使 App 无法正常升级。

Android 需要开发者自己生成签名文件，既可以通过 Android Studio 直接生成，也可以通过命令行手动生成。以手动生成为例，打开命令行，输入以下命令（别名为“bit”，有效期为 20 000 天，签名文件为“bit. keystore”）：

```
keytool -genkey -alias bit -keyalg RSA -validity 20000 -keystore bit.keystore
```

首先需要设定签名文件的密钥，这在以后的每次签名过程中都需要用到，之后需要再填写一些必要的信息，如图 14－2 所示。

```
命令提示符

E:\>keytool -genkey -alias bit -keyalg RSA -validity 20000 -keystore bit.keystore
输入密钥库口令:
再次输入新口令:
您的名字与姓氏是什么?
  [Unknown]:  张成
您的组织单位名称是什么?
  [Unknown]:  软件学院
您的组织名称是什么?
  [Unknown]:  北京理工大学
您所在的城市或区域名称是什么?
  [Unknown]:  海淀区
您所在的省/市/自治区名称是什么?
  [Unknown]:  北京市
该单位的双字母国家/地区代码是什么?
  [Unknown]:  中华人民共和国
CN=张成, OU=软件学院, O=北京理工大学, L=海淀区, ST=北京市, C=中华人民共和国是否正确?
  [否]:  是

输入 <bit> 的密钥口令
        (如果和密钥库口令相同, 按回车):
```

图 14－2　生成签名文件

签名文件会在当前目录下生成，请务必妥善保管签名文件与相应的密钥。

iOS 可以自动生成签名文件，并且统一由 Xcode 进行管理和维护，开发者只需在最终的打包环节选择需要使用的证书即可。

14.3 打包并提交

14.3.1 Android 生成 apk

Android 平台对应的安装包是 apk 文件，打包总共需要经历两个步骤：一是采用 AOT 作为编译方式生成经过性能优化与安全加固后的代码；二是使用 Android 签名文件进行签名并生成最终的 apk 安装包。

切换到 Ionic3 工程项目目录下，打开命令行，输入以下命令：

```
ionic cordova build android --prod --release
```

在使用 CodePush 推送 Android 热更新包之前，需要先输入这条命令完成编译工作，在 12.3.5 节中曾提到过这一点。由于 CodePush 的本质是替换了 App 内部的资源文件，因此 CodePush 推送热更新包时并不会涉及签名问题。

以上命令中的“prod”参数代表此次编译面向正式产品，因此 Ionic3 会采用 AOT 替代 JIT 进行预编译，并且完成后续的代码压缩与代码混淆等操作。“release”参数代表此次编译生成发布版本，因此后续还需要开发者自行提供相应的签名文件。这两个参数前面都需要有两个中横线，错写成一个会不起作用，请读者特别留意这一点。

这条命令的执行时间比较长，请读者耐心等待。在命令的执行过程中，命令行会输出相应的信息，如图 14-3 所示。

这与浏览器调试以及模拟器调试有很多相似的地方，但是还会额外执行几个特殊的操作。“ngc”是性能优化中提到的 AOT 预编译方式；“uglify”是安全加固中提到的代码压缩与代码混淆；“cleancss”是对 CSS 文件进行的压缩处理。

命令执行完毕后，会在“platforms/android/build/outputs/apk”目录下生成“android-release-unsigned.apk”文件，这便是还没有经过签名的安装包。将之前生成的签名文件复制到这个目录下，并且在这个目录下打开命令行，输入以下命令（“bit.keystore”是签名文件，末尾的“bit”是别名）：

```
jarsigner -verbose -sigalg SHA1withRSA -digestalg SHA1 -keystore bit.keystore android-release-unsigned.apk bit
```

命令提示符

```
E:\TourBus>ionic cordova build android --prod --release
Running app-scripts build: --prod --platform android --target cordova
[16:24:27]  build prod started ...
[16:24:27]  clean started ...
[16:24:27]  clean finished in 15 ms
[16:24:27]  copy started ...
[16:24:27]  deeplinks started ...
[16:24:27]  deeplinks finished in 136 ms
[16:24:27]  ngc started ...
[16:24:29]  copy finished in 2.27 s
[16:24:35]  ngc finished in 7.56 s
[16:24:35]  preprocess started ...
[16:24:35]  preprocess finished in less than 1 ms
[16:24:35]  webpack started ...
[16:25:18]  webpack finished in 43.32 s
[16:25:18]  uglify started ...
[16:25:18]  sass started ...
[16:25:19]  sass finished in 1.01 s
[16:25:19]  cleancss started ...
[16:25:20]  cleancss finished in 1.13 s
[16:25:32]  uglify finished in 13.83 s
[16:25:32]  postprocess started ...
[16:25:32]  postprocess finished in 16 ms
[16:25:32]  lint started ...
[16:25:32]  build prod finished in 65.01 s
```

图 14－3　生成正式包

输入签名密钥后，即可完成 App 的签名。在此之后，还需要通过 Android 官方的 zipalign 工具（读者可以在 Android SDK 对应的目录中自行搜索，或者从互联网上下载，然后将 zipalign 可执行文件复制到当前目录下）进行最后的优化，继续输入以下命令（建议在命令前加入“./”）：

```
./zipalign -v 4 android-release-unsigned.apk android-release.apk
```

此时会在当前目录下生成“android-release.apk”文件，这便是最终可以发布到应用商店上的正式 apk 安装包。

由于国内 Android 环境的特殊性，各个 Android 应用商店各自为政，因此本书无法对上架 Android 应用商店的流程进行统一讲解。不过 Android 天生就是开放自由的，完全可以将 apk 安装包直接提供给终端用户，有时候这比 iOS 的 App 分发方式方便得多。

14.3.2　iOS 生成 ipa

iOS 平台对应的安装包是 ipa 文件，打包总共需要经历两个步骤：一是采用 AOT 作为编译方式生成经过性能优化与安全加固后的代码；二是使用

Xcode 自动进行签名并生成最终的 ipa 安装包。

切换到 Ionic3 工程项目目录下，打开命令行，输入以下命令：

```
ionic cordova build ios --prod
```

在使用 CodePush 推送 iOS 热更新包之前，需要先输入这条命令完成编译工作，在 12.3.5 节中曾提到过这一点。

以上命令中的“prod”参数代表此次编译面向正式产品，这里不再赘述。与 Android 不同的是，iOS 不需要加入“release”参数，因为其签名过程必须通过 Xcode 完成。

命令执行完毕后，需要手动打开“platforms/ios”目录下扩展名为“xcodeproj”的文件，从而打开相应的 Xcode 工程项目。在 Xcode 中可以完成签名及打包的工作，这已经属于 Native App 开发中的内容，在下面这篇博文中有详细的介绍。

iOS 提交 App Store 的前提条件是具备 Apple 开发者账号，详见 2.7.1 节中的内容。申请上架一款 App 的流程极其烦琐复杂，而且还会经常发生一些变动，因此本书不作相关介绍，只给读者推荐一篇不错的博文（作者：星零_36cd）：

```
Xcode 打包 IPA 上架 App Store 详细教程(2017 最新)：
http://www.jianshu.com/p/f6334a0c4bce
```

14.4 更新与维护

14.4.1 选择更新方式

在 App 首次对外发布后，还需要不断进行更新与维护。由于 App 中可能集成了 CodePush，因此更新方式将会变得多样，主要分为以下几种情况：

（1）没有集成 CodePush。虽然采用了 Hybrid App 架构，但是在这种情况下与 Native App 并没有区别，因此只能采用传统的更新方式，即重新打包并提交到应用商店等待审核。

（2）集成了 CodePush，修改内容仅限于 HTML、CSS 和 JavaScript 脚本语言，或者图片等资源文件。在这种情况下可以充分发挥 CodePush 的优势，通过热更新包的形式将更新内容推送到用户终端，用户无须重新安装 App 即可自动完成相应更新的部署。

（3）集成了 CodePush，修改内容涉及原生代码，比如新增或更新了 Cordova 插件。在这种情况下无法使用 CodePush 实现热更新，因为 CodePush 只支持对脚本语言进行更新，因此只能采用传统的更新方式。

（4）集成了 CodePush，更新内容是 Ionic 框架本身。虽然 Ionic 框架的更新常常伴随 Angular 框架以及其他众多 JavaScript 代码的更新，但是其本质上依然是对脚本语言进行更新，所以可以使用 CodePush 实现热更新。

（5）集成了 CodePush，更新内容是 CodePush SDK 本身。由于 CodePush SDK 的本质就是一个集成在 App 端的 Cordova 插件，这种情况相当于修改了原生代码，因此只能采用传统的更新方式。

（6）集成了 CodePush，修改了 App 的名称、图标、欢迎页图片。这种情况看似是对资源文件进行了更新，但这些资源文件比较特殊，在打包时属于 Native App 中的内容，因此只能采用传统的更新方式。

综上所述，CodePush 并不是万能的，但在支持热更新的情况下却非常方便，不过此时还需要注意对版本号的控制，详见 12.3.6 节中的内容。

14.4.2　更新 Ionic

Ionic 官方会定期对 Ionic 框架进行更新，可以在 Ionic 官方维护的 GitHub 项目中获取每一次更新的详细内容。

> Ionic 的 GitHub 项目(英文)：https://github.com/ionic-team/ionic

进入 Ionic 的 GitHub 项目后，单击“releases”即可查看每个版本的更新日志，以版本 3.8.0 为例，更新日志如图 14-4 所示。

笔者不建议使用“npm install…”命令逐一安装相关的更新，建议读者统一修改“package.json”文件中的版本号，然后一次性统一进行更新。除非更新日志中没有说明具体的版本号，那么可以只针对那一个外部依赖包使用带有“@latest”的命令单独更新。

3.8.0 (2017-10-26)

Upgrade Instructions

This release includes improvements for iOS11 and specifically, the iPhone X. Please also read over the iOS 11 checklist blog post for additional information.

To update, install the latest version of `ionic-angular` and `@ionic/app-scripts`:

```
npm install ionic-angular@latest --save
npm install @ionic/app-scripts@latest --save-dev
```

This release uses version `4.4.4` of Angular. Please update the version number of any `@angular` packages in your `package.json` file:

```
"dependencies": {
  "@angular/common": "4.4.4",
  "@angular/compiler": "4.4.4",
  "@angular/compiler-cli": "4.4.4",
  "@angular/core": "4.4.4",
  "@angular/forms": "4.4.4",
  "@angular/http": "4.4.4",
  "@angular/platform-browser": "4.4.4",
  "@angular/platform-browser-dynamic": "4.4.4",
  ...
}
```

图 14 – 4 更新日志

在这次更新日志中提到了对 Angular4 的更新，因此需要在“package. json”文件中修改相应包的版本号，这个文件就存放在 Ionic3 工程项目的根目录下。不论是否存在外部依赖包的更新，都至少需要在“package. json”文件中修改“ionic – angular”这个包本身的版本号。完成所有版本号的修改后，打开命令行，输入以下命令：

```
npm install
```

此命令将读取“package. json”文件中的配置信息，自动下载相应版本的相应依赖包，从而完成更新操作。

如果需要更新 Ionic Native，则只需查看 Ionic Native 的 GitHub 项目，然后在“package. json”文件中刷新版本号，并运行相应命令即可。

> Ionic Native 的 GitHub 项目(英文):https://github.com/ionic-team/ionic-native

Ionic 官方在 GitHub 上维护了很多项目，甚至 Ionic 的官方网站与官方文档也是一个 GitHub 项目。读者如果感兴趣，可以自行探索，通过阅读项目源码可以对 Ionic 框架有更加深入的理解。

结　语

首先，恭喜读者完成了整本书的学习，掌握了 Ionic3 与 CodePush 这套“组合拳”，具备了解决 App 跨平台与热更新问题的能力。

接下来，让我们共同展望未来。跨平台并不是 Ionic 的终点，Ionic 显然有更大的野心，比如在其官方博客中，就有这么一篇耐人寻味的文章 *The end of Framework Churn*，网址如下：

```
http://blog.ionicframework.com/the-end-of-framework-churn/
```

不知读者是否会有这种感觉，Web 开发技术的发展快如闪电，尤其是 Web 前端框架层出不穷，至少现在就已经形成了 jQuery、Angular、Vue 和 React 等诸多框架(库)各自为政的局面。一旦选定了某一种框架，再切换到另一种框架的成本将会变得极其高昂，因此可以说，当今的 Web 前端开发者都被框架绑架了。

这篇博客将这种现象称为框架扰动(Framework Churn)，并将原因归结为不同 Web 前端框架之间的组件模型(Component Model)互不兼容。

```
At the core,a frontend framework provides a component model that specifies how custom elements work and how they interact with each other,along with tools for templating, component loading, and more. Some frameworks are more “batteries-included” and come with utilities such as routers and animations,and while these utilities make it harder to leave a framework,their potential for lock-in is emergent from the component model.
```

这篇博客中也承认，至少从现阶段来看，选择了 Ionic 就意味着绑定了 Angular。然而这篇博客突然又话锋一转，提到了一位很有潜力的破局者——WebComponent。

> To end Framework Churn once and for all,we need a way to create components that speak a language every developer and framework can understand.A component language that can be standardized but is also compatible with existing framework component languages.
>
> Thankfully,there's an answer:Web Components.Web Components are a modern web API spec with native browser support already in Chrome and Safari (and iOS!), with native support behind a flag for Firefox.For browsers without native support,a very solid and small (12kb) polyfill makes it seamless to use components.

Web Component 是一项崭新的 Web 标准，并且已经被各大浏览器原生支持，同时还可以兼容各大框架。这意味着什么呢？这意味着在解决了跨平台的问题之后，还有可能解决跨框架的历史难题。

> For example,once Ionic 4 is ready,the new Ionic Web Components will work in Angular just as well as they will in Vue and React (*).One major benefit,is that they will also work without any framework at all,making it possible to use the components directly for rapid development and even for integration into existing jQuery codebases!

这篇博客也随之抛出了一枚重磅炸弹，宣告了未来 Ionic4 的新特性，即不再依赖 Angular 框架，还可以支持 Vue 以及 React 框架，甚至只通过原生的 JavaScript 以及 jQuery 也能直接进行使用。

> That last project,Stencil,is a project we've created at Ionic that will be the foundation of Ionic 4 and beyond as we port all of the Ionic components to standards-compliant Web Components.
>
> Stencil is a compiler that generates plain web components for you,but with many features and a syntax you expect out of

```
traditional frameworks.Things like using TypeScript,Virtual
DOM for fast rendering,optimized async rendering similar
to React Fiber,JSX for easy templating/UI,reactive data
binding,and more.
```

Ionic4 的这项神奇魔力源自 Stencil，这是 Ionic 团队正在开发的一个新鲜玩意，它对 Ionic4 的发展起到了中流砥柱的作用。Stencil 已经上线了独立的官方网站，并将在不久的将来成为 Ionic 团队的另一大杀器。

```
Stencil 官方网站(英文):https://stenciljs.com/
```

如今，跨平台已经降低了我们的开发成本，那么跨框架将会进一步释放我们对技术的自由选择权。就让我们一同关注 Ionic4 的发展，静静等候 Ionic4 破茧成蝶的那一天吧！

编　者

参考文献

[1] TypeScript 官方文档：https：//www. tslang. cn/docs/。

[2] Angular4 官方文档：https：//www. angular. cn/docs/。

[3] Ionic3 官方文档：http：//ionicframework. com/docs/。

[4] Cordova 官方文档：http：//cordova. apache. org/docs/。

[5] CodePush 官方文档：http：//microsoft. github. io/code - push/docs/。